茭白病虫草害识别与生态控制

（彩图版）

陈建明　周锦连　王来亮　编著

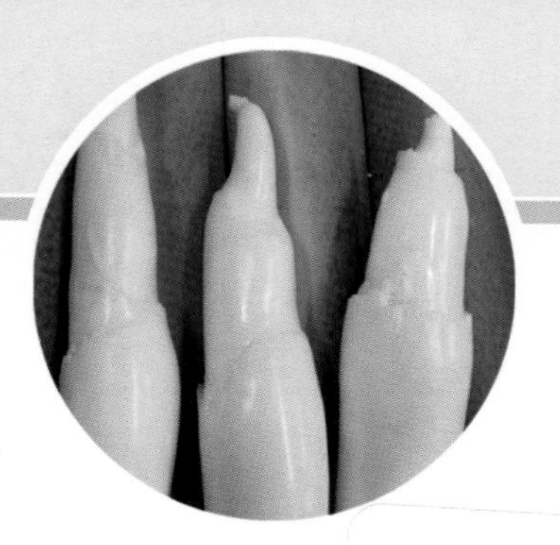

中国农业出版社

内容提要

本书共分7章。第1 ～ 3章以文字和图片一一对应的方式介绍了34种茭白常见病虫草害的鉴别方法，其中害虫15种，病害10种，杂草9种，详述每一种害虫的形态特征、发生规律、为害症状和防治要点，病害的拉丁学名、病原菌主要特征、发病规律、病害症状和防治要点，杂草的形态特征、生态特点和防治要点等。第4章介绍茭白病虫草害的生态控制技术，包括农业防治技术、物理防治技术、生物防治技术、药剂防治技术和生态控制技术集成模式，既有单项技术和生态集成控制模式的介绍，同时配有相应的照片。第5、6章分别介绍了药（肥）害症状及其补救措施、台风过后茭白受害情况及其补救措施，同时配有相应症状的高清照片。第7章介绍茭白生产中应用的主要农药品种的作用特点、剂型和注意事项。书末附有《我国发布禁止和限用高毒化学农药清单》、农业部行业标准《茭白生产技术规程》《绿色食品　农药使用准则》和《绿色食品　水生蔬菜》，以方便读者使用。

本书内容丰富，文字精炼，图文并茂，实用性强，适合茭白种植者、农业技术推广人员、研究人员阅读，也可供农林院校相关专业师生参考。

前言

茭白是多年生水生草本植物，一般生长在浅水沼泽湖泊区域。茭白是我国重要的水生蔬菜之一，由于比较效益较高，而且用工相对其他蔬菜较少、适宜于规模化生产，农民规模化种植茭白的积极性很高，种植茭白已成为农民脱贫致富的重要途径之一。目前，茭白种植分布在全国大多数省份，但主要集中在长江中下游，包括浙江、安徽、福建、湖北、江苏、江西等。全国茭白种植面积约7.2万公顷，直接经济效益30多亿元，其中浙江省茭白种植面积最大，约3万公顷，产量达到70万吨。

茭白产业大面积发展后，其病虫草害问题日显突出，已严重威胁着茭白生产的可持续发展。茭白病虫草害是影响茭白稳产、高产和优质的重要因素，因此控制和减轻病虫草害是农业科技人员的一项重要任务。茭白病虫草害的种类很多，据初步统计，我国茭白生产中发生的病虫草害较常见的有30余种，其中发生频率高、危害严重的约15种。了解茭白病虫草害的发生特点，准确鉴别病虫草的症状、特征，并进行有效防治，是茭白稳产、高产和优质的重要保障。我们在生产中调查发现，茭农对茭白生产中肥水管理技术较为熟悉，但对病虫草害的识别和防治技术缺乏正确认识和有效措施，相关病虫草害的植保知识掌握很少。许多茭农长期单纯依靠化学农药防治病虫害，常常将多种农药混合使用，盲目增加农药种类、用药量和用药次数，而且长期使用相同的农药，导致病虫害产生抗药性，杀伤天敌，污染环境，破坏农田生态平衡，造成越防治越严重的恶性循环，使防治越来越难。

在2015年1月召开的全国农业工作会议上，农业部提出要打好农业面源污染防控的攻坚战，以及如何在发展现代生态循环农业的进程中做好农业资源环境保护工作，将是农业部今后的重点工作。具体的措施主要有“一控两减三基本”，其中“两减”主要是减少化肥、农药使用量，实现化肥、农药用量零增长。在农药方面，要推动农作物病虫害统防统治和绿色防控，优先采用生态控制、物理防治和生物防治措施，开展低毒低残留农药示范推广。到2020年，主要农作物病虫害绿色防控覆盖率达到30%，化学农药使用量实现零增长。为了推广茭白病虫草害的绿色防控技术，确保茭白产品质量安全、农业生态环境安全，促进茭白产品向优质高效安全方向发展，我们在研究茭白有害生物防治以及茭白高效安全生产技术中，积累了丰富的茭白病虫草害防治知识，提出的许多防治措施在生产中被证明为行之有效的方法，对茭白病虫草害的防治具有重要的生产指导作用。在浙江省重大科技专项（优先主题）农业项目“高山茭白高效安全生产共性关键技术研究与示范”（编号2008C12073-2）、浙江省农业科学院—缙云县人民政府合作项目“敌磺钠在调节茭白结茭期的关键技术研究与应用及风险性评估”（JY20140002）、浙江省农业科学院—丽水市人民政府合作项目“茭白田高效生态种养模式及其关键技术研究与示范”（LS20150004）以及浙江省植物有害生物防控重点实验室——省部共建国家重点实验室——培育基地的资助下，结合项目组近十年来的研究成果，同时参考一些科技文献，在总结群众经验的基础上，将茭白病虫草害的发生发展规律及其生态调控技术整理成册。全书内容分为以下7个部分：茭白主要虫害识别和防治、茭白主要病害诊断和防治、茭白主要草害识别和防治、茭白病虫草害生态控制技术、茭白肥（药）害冻害及其补救措施、台风影响及其补救措施、茭白生产中应用的主要农药介绍，书末附有我国发布禁止和限用高毒化学农药名单、农业部行业标准《茭白生产技术规程》《绿色食品　农药使用准则》和《绿色食品　水生蔬菜》等4个附件。

该书是国内第一本最全面、最系统介绍茭白病虫草害识别与防治措施的专业科技图书，具有一定的学术价值。该书既有理论知识，又有实用技术，内容全面系统，可供广大茭白生产者、基层农业技术推广人员以及农业院校师生阅读参考。

在编写过程中，余姚市农业科学研究所符长焕高级农艺师、余姚市河姆渡镇农业技术推广中心郑春龙高级农艺师、磐安县农业局陈加多高级农艺师、缙云县农业局丁新天推广研究员、新昌县农业局吕文君高级农艺师提供部分照片，在此一并表示衷心的感谢。编著者参考了国内外已发行的部分水生蔬菜和农药方面的书刊，由于篇幅有限，书中仅列主要参考文献。由于水平有限和时间仓促，难免有错漏和不妥之处，敬请广大读者批评指正。

编著者

2015年12月于杭州

目录

一、茭白害虫识别与防治

（一）二 化 螟

【学名】*Chilo suppressalis* Walker，鳞翅目螟蛾科，是茭白生产中发生最严重的害虫之一。

【形态特征】雄蛾体长10 ～ 12毫米，翅展20 ～ 25毫米。头胸部背面淡褐色，复眼黑色或淡黑色，下唇须向前伸。前翅近长方形，黄褐或灰褐色，翅面散布褐色小点，翅外缘有小黑点7个。后翅白色，近外缘渐淡黄褐色。雌蛾体长12 ～ 15毫米，翅展25 ～ 31毫米。头胸部背面及前翅黄褐或淡黄褐色，翅面小褐点很少，无紫褐色斑点，外缘也有小黑点7个。后翅7个，有绢丝状反光。卵初产为乳白色，渐变为乳黄色、黄褐色、灰黑色。卵块大多长椭圆形，由数粒至百余粒组成，排列成鱼鳞状。幼虫一般6龄，也有7龄或5龄。老熟幼虫体长20 ～ 30毫米，体背有5条褐色纵线。蛹圆筒形，初化时为淡黄色，腹部背面尚有5条棕色纵

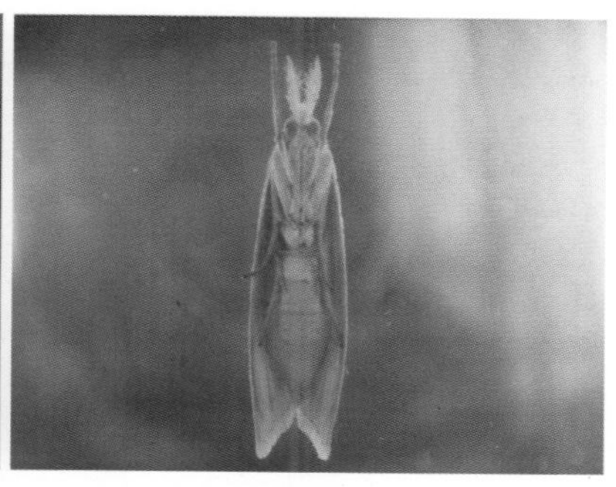

茭白二化螟成虫（左：背面观，右：腹面观）

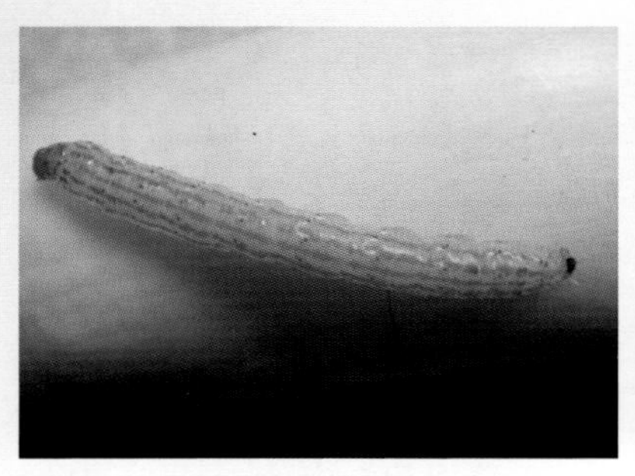

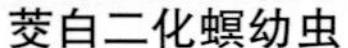
茭白二化螟幼虫

茭白二化螟蛹

纹，中间3条较明显，后变为红褐色，纵纹渐消失。后足不伸出翅芽端部。第十腹节末端宽阔，后缘波浪形，两侧有3对角状突起，着生1～2对细刚毛，沿后缘背面还有1对三角形突起。

【发生特点】在茭白田中一年发生3～4代。以老熟幼虫在茭白残茬中越冬，3月底4月初开始化蛹，4月中下旬化蛹高峰，5月上旬结束化蛹。4月中下旬至5月初为越冬代幼虫的羽化高峰期。越冬代成虫（第一代）发生在5月下旬至6月下旬，第二代在8月中下旬，第三代在9月上中旬，10月前后以幼虫越冬。成虫白天多静伏在茭白植株下部，趋光性甚强，对黑光灯反应敏感。成虫寿命7～20天，卵多产在茭白植株心叶、倒一叶、倒二叶的叶片背面，产卵高度一般离水面30厘米以上，卵块多分布在离叶枕距离120厘米以内。1～3代卵孵高峰期分别约为5月上旬末中旬初，7月上旬末中旬初,8月下旬末9月上旬，持续时间平均7～10天（这一特点便于二化螟的田间防治和减少用药次数）。幼虫孵化后，先沿叶片背面向叶鞘爬行，并从倒4叶、倒5叶叶枕以下叶鞘内侧蛀入，叶鞘内常群集数头或数十头蚁螟；进入二龄后，幼虫开始转移为害，钻蛀内侧叶鞘，并在叶鞘下部形成蛀孔。随着虫龄增大，逐渐侵入主茎或分蘖的内心；幼虫老熟后向外侧叶鞘、茎内或茭白肉质茎蛀食。幼虫孵化后从叶片转移到叶鞘为害的特点，为防治二化螟减量施药技术（叶鞘部位施药）提供依据。

二化螟生长发育适宜温度10～38℃，最适温度20～30℃，相对湿度90%左右。卵的发育起点温度10℃左右，有效积温为88日度。幼虫发育起点温度15℃左右，有效积温480日度。蛹发育起点温度11℃，有效积温125日度。江浙沪地区茭白二化螟的发生盛期在6～9月。

【为害症状】以幼虫为害茭白主茎叶鞘或分蘖的心叶，为害症状随虫龄和茭白生育期而异。蚁螟（初孵幼虫）一般蛀入叶枕以下的叶鞘，蛀入当天，从叶鞘外部可见密集的白色条状斑点，长度0.2～0.5厘米，白斑边缘呈水渍状；第二天叶鞘开始呈现黄萎状斑块，蛀虫多的叶鞘上出现大片水渍斑，以后逐渐变成暗红色，严重时枯心，叶鞘外常有虫孔。

茭白田间二化螟成虫

茭白二化螟卵块

茭白植株受害症状——叶鞘上水渍斑

茭白植株受害症状——枯鞘枯死

茭白受害症状——蛀入茭白肉质中

【防治要点】

（1）在茭白采收完毕后，应将茭白齐泥割除，带出田外将残株集中处理，减少残留活虫。当气温达到18℃以上时，茭白田灌深水（15 ～ 20厘米）淹没残茬5 ～ 7天，可淹死越冬幼虫。在田间管理中及时清除虫伤叶鞘。茭白田周围种植诱虫植物（如香根草）诱集二化螟成虫产卵，并集中处理，能有效减轻茭白田二化螟为害。

（2）在二化螟成虫（蛾子）发生期用灯光诱杀，尤其是频振式杀虫灯诱杀效果更好；也可用二化螟性诱剂、糖醋酒液诱杀，茭白田养鸭控制，或者用灯光诱杀+性诱剂+茭白田养鸭组合方式防治。

（3）非常必要时，在二化螟卵孵化高峰期至低龄幼虫期，亩用20％氯虫苯甲酰胺乳油10 ～ 15毫升或氯虫•噻虫嗪15 ～ 20克、18％杀虫双撒滴剂250 ～ 300毫升，对水45 ～ 60千克，主要对茭白植株叶鞘部位进行喷雾防治。另外，雷根藤根皮乙醇粗提取物600 ～ 800毫克/升、夹竹桃叶乙醇提取物800 ～ 1 000毫克/升、银杏叶乙醇提取物5 ～ 8克/升对二化螟也有较好的防治效果。

（二）大　　螟

【学名】*Sesamia inferens* Walker，鳞翅目夜蛾科，俗称茭白钻心虫，也是茭白生产上常见的害虫之一，常与茭白二化螟混合发生。

【形态特征】成虫体长12 ～ 15毫米，头胸部灰黄色，腹部淡褐色。雌蛾触角短栉形，雄蛾触角丝形。前翅近长方形，淡褐色，近外缘色稍深，翅面有光泽，外缘线暗褐色，翅中部沿中脉直达外缘，有明显的暗褐色纵线，此线上下各有2个小黑点。后翅银白色，外缘线稍带淡褐色。卵块（位于叶鞘内侧）多呈带状，卵粒平铺，常排列成2 ～ 3行。卵初产为白色，后变为褐色、淡紫色。幼虫体较粗壮，头部红褐色或暗褐色，胸腹部淡黄色，背面带鲜黄色或紫红色。蛹圆筒形，长13 ～ 15毫米（雄）和15 ～ 18毫米（雌）。初为淡黄色，后变黄褐色，尤以背面颜色较深，并被白粉。头顶中央粗糙，并有刺状小突起。翅近端部在腹面有一小部分接合。腹部第一至第七节背面近前缘部分刻点密而色深，第五至第七节腹面也散生刻点。臀棘很短，背面和腹面各具2个小形角质突起。

大螟成虫

大螟幼虫及虫粪

大螟蛹

【发生特点】每年发生代数因地而异，一般发生3 ～ 5代。在浙江不同茭区以第一代幼虫为害夏茭较重，第一代幼虫为害盛期在5月下旬至6月上旬，造成茭白枯心。第二代幼虫为害盛期在7月中下旬，造成双季茭秋茭和单季茭枯心和一部分分蘖成为虫伤株；第三代幼虫为害盛期在8月中下旬，能蛀食茭白果肉；第四代幼虫在9月中下旬为害。成虫多在晚上7 ～ 8时羽化，飞翔力和趋光性不强，但黑光灯下诱蛾较多。成虫寿命5 ～ 15天，成虫白天躲在杂草中或茭白植株基部，晚8～9时开始活动。羽化后第3～5天产卵数量最多，大部分卵产在田埂边茭白植株上，少部分产在田埂的杂草上。每头雌虫可产卵3 ～ 5块，每块卵数10粒，第三代成虫产卵最多。幼虫多在上午6 ～ 9时孵出。孵出后群居取食，同时吃掉卵壳。第二、三龄食量增大，分散至附近植株，从叶鞘基部外侧咬入为害。第四、五龄食量更大。被害茎秆虫孔大，排泄大量虫粪，易与其他螟虫为害症状区别。幼虫老熟后身体缩小，停食不动，经过2天左右化蛹。初化蛹为乳白色，后颜色变深，逐渐呈棕黄色，头部附有白粉。第一代多在茭白茎和枯叶鞘内化蛹，少数在杂草茎中及泥土中。第二代多在距水面3.3厘米左右的叶鞘内化蛹。

大螟生长发育的适宜温度为10 ～ 35 ℃，最适温度为20 ～ 30℃，相对湿度90%左右。江浙沪地区发生盛期为7 ～ 9月，以幼虫蛀入茭白内成虫道，并在蛀入口附近有充分堆积。发生严重时一个茭白上有多头幼虫，部分组织腐烂，品质低劣，影响产量。

大螟为害茭白植株症状及羽化孔

【为害症状】基本上同茭白二化螟。主要观察受害的茭白薹管中是否有虫粪，大螟虫粪很多，一般排出孔外。

【防治要点】防治方法参考二化螟，但灯光诱杀用黑光灯效果更好。

（三）长绿飞虱

【学名】*Sacchaarosydne procerus* Matsumura，是为害茭白的重要害虫。在我国分布很广，受害严重的田块损失率可达80%以上，对茭白的产量和品质造成严重的影响。

【形态特征】成虫绿色或蓝绿色，体长5 ~ 6毫米；头顶长，显著地突出于复眼前，头顶二中侧脊彼此延伸至端缘前愈合成一条脊；额长，侧缘直，渐向端部分开，以端部最宽；触角短，不达额唇基缝；前胸侧脊伸达后缘；前翅长，远远伸出腹部末端。卵长0.8毫米，宽约0.25毫米，茄形，略弯曲，初产时乳白色，后一端变黄色。若虫分5龄。初孵若虫乳白色，随着生长发育体色逐渐变深，三龄后体色转变成绿色。若虫从一龄开始体披白蜡粉，腹末有分泌的蜡丝，在腹端形成几条白色尾丝，若虫外观似金鱼形。若虫蜕皮时连同旧表皮一起蜕去，蜡丝随龄期增加而增长。

长绿飞虱成虫、若虫

【发生特点】以滞育卵在茭白残茬叶片或叶鞘中越冬，越冬卵于翌年2月下旬开始发育，3月底至4月初越冬卵孵化，越冬代初孵若虫体色灰褐，其他代次为浅黄色。4月底至5月初若虫羽化，在茭白叶片上产卵，部分迁移到新茭田为害。成虫有趋光性和群集性，成若虫大多栖息于叶片中脉附近，稍有惊动即横向爬行。在适宜条件下，成虫寿命7～20天，每头雌虫可产卵60～100粒，卵产于叶片中脉组织的小隔室内，多块产，数粒至20粒排列成行，产卵部位多在叶片中部偏下方，卵孔上覆盖雌虫腹端分泌的白色蜡粉，卵孵化后若虫常群集在植株中下叶片刺吸汁液。适宜长绿飞虱生长发育的温度范围15～35℃，最适温度为22～28℃，相对湿度90%～100%。卵历期：22～25℃时10～12天，28～31℃时8～10天。若虫历期：22～24℃时20～22天，25～27℃时15～17天，28～30℃时14～15天。

长绿飞虱成若虫混合发生

长绿飞虱卵孵化前

长绿飞虱在各地发生代数差异大，华中地区（如湖北）一年发生4代，华东地区（如浙江）一年发生5代。长绿飞虱完成一个世代需要25～35天。在湖北，越冬卵4月中旬开始孵化，4月下旬至5月上旬为盛孵期，6月上旬始见第一代成虫。第二代出现于6月上旬至7月下旬，第三代出现于7月上旬至9月上旬，第四代出现于8月中旬至10月中旬。世代重叠现象严重。在浙江，5月上旬为第一代成虫高峰期，6月中旬为第二代成虫高峰期，新茭田的虫源主要来源于此代。7、8月第三、四代成虫因高温天气种群数量很低，基本不会对茭白的生长构成威胁。9月下旬为第五代成虫高峰期，种群数量大。第二代和第五代是主害代，第三、四代发生不重，但在高山茭白发生较重，需要积极防治。长绿飞虱的发生与环境关系较为密切。5～6月和9～10月气候非常适合长绿飞虱的生长发育和繁殖。

【为害症状】成虫、若虫有群集性，在叶片中脉附近栖息，以口器刺吸叶片汁液为害。心叶、倒一叶和倒二叶为害最重，受害叶片发黄，严重时叶片从叶尖向基部逐渐枯萎，乃至全株枯死。

露在外面的长绿飞虱卵帽

茭白叶片受害症状

【防治要点】

（1）在3月底前清除地上部的枯叶、枯鞘，消灭长绿飞虱越冬虫源，压低其虫口基数；茭白田埂种植有花植物（如豆科植物），利用寄生性天敌自然控制长绿飞虱。

（2）在成虫发生期用灯光诱杀，尤其是频振式杀虫灯诱杀效果更好，也可用色板诱杀，茭白田养鸭、养鱼控制，或者用灯光诱杀+色板诱杀+茭白田养鸭（鱼）组合方式防治。

（3）在若虫孵化高峰期或低龄若虫期，每亩用25%噻嗪酮可湿性粉剂30 ~ 40克或25%噻虫嗪水分散粒剂8 ~ 10克、20%啶虫脒可湿性粉剂 15 ~ 20克、50%噻嗪酮 + 20%啶虫脒（2.2 ：1）16 ~ 24克，对水45 ~ 60千克进行喷雾防治。

（四）白背飞虱

【学名】*Sogatella furcifera* Horváth，同翅目飞虱科。除为害茭白外，还为害水稻、小麦、玉米、甘蔗、高粱等，是主要的农业害虫。

【形态特征】成虫有长翅型和短翅型两种。雌成虫灰黄色，体长3.5 ~ 4.5毫米，短翅型雌虫灰黄色至淡黄色、翅短，仅及腹部

白背飞虱长翅型成虫、短翅型成虫和若虫

的一半。雄成虫灰黑色，体长3.8毫米左右，仅有长翅型。成虫头顶突出，前翅透明，端部有褐色晕斑，翅痣、颜部、胸部、腹部腹面黑褐色，小盾片两侧黑色。雄虫小盾片中间淡黄色，翅末端茶色，雌成虫小盾片中间姜黄色。卵尖辣椒形，长0.7 ~ 0.8毫米，每卵块有5 ~ 10粒卵，前后呈单行排列，卵帽不露出。若虫体橄榄形，灰黑色，体长1.1 ~ 2.9毫米，共5龄，胸、腹背面有云纹状斑纹，腹末较尖，有深浅两型。一龄若虫长1.1毫米，灰褐或灰白色，无翅芽，腹背有清晰的“丰”形浅色斑纹；二龄灰褐或淡灰色，无翅芽，腹背也有清晰的“丰”形浅色斑纹；三龄若虫体长1.7毫米，灰色与乳白镶嵌，胸背有灰黑色不规则斑纹，边缘清晰，翅芽明显出现；四龄若虫体长2.2毫米，前后翅芽长度近相等，斑纹清晰；五龄若虫前翅芽超过后翅芽的尖端。

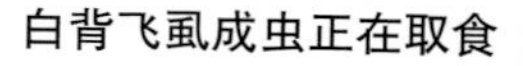

白背飞虱成虫正在取食

【发生特点】具有长距离迁飞习性，广泛分布在国内水稻、茭白种植地区，其越冬北界在北纬26°左右，我国初次虫源每年春夏之交由热带地区迁飞而来。由于地势、气候和栽培制度的多样性，各地区发生代数差异较大。一年可发生2～11代，西北地区年发生2代，华东地区年发生5～6代，华南地区年发生10～11代。世代重叠现象严重。成虫有较强的趋光性、趋嫩绿性，生长嫩绿的田块，易引诱成虫产卵为害。14～29℃卵期6～20天，21～30℃若虫期14～29天，雌成虫产卵前期4～6天，寿命20天左右，雄成虫寿命14天左右，每雌产卵量80～120粒，短翅型比长翅型产卵量约多20%。白背飞虱生长发育的最适温度为22～28℃，相对湿度80%～90%。一般6月雨量大、雨日多，7～8月干旱的年份，白背飞虱发生量大。

【为害症状】成若虫群集在茭白植株基部，刺吸植株汁液，使茭白植株叶片发黄，生长矮小，严重时引起整株枯死。

【防治要点】

（1）远离稻区种植茭白，减少初始虫源。

（2）在成虫发生高峰期利用频振式杀虫灯，诱杀效果显著。还可在若虫发生期放鸭捕食。

（3）采取措施有效保护和利用茭白田蜘蛛、缨小蜂、瓢虫等自然天敌，提高对害虫的自然控制作用。

（4）药剂防治：在卵孵化高峰期，可每亩用25%噻嗪酮可湿性粉剂15～20克或10%叶蝉散可湿性粉剂200～250克、10%吡虫啉可湿性粉剂20～25克；在若虫发生高峰期，可每亩用25%噻嗪酮可湿性粉剂30～40克或10%叶蝉散可湿性粉剂450～500克、25%阿克泰WG3～4克、70%艾美乐WG3克，也可用噻嗪酮与异丙威混配制剂，加水50～75千克进行喷雾防治。为进一步提高药效，可在药液中加入中性洗衣粉。

（五）灰飞虱

【学名】*Laodelphax striatellus* (Fallén)，同翅目飞虱科。主要

为害茭白、水稻、玉米、小麦、高粱、甘蔗等，还是传播水稻黑条矮缩病和条纹叶枯病，小麦丛矮病，玉米粗缩病的媒介昆虫，是重要的农业害虫。

【形态特征】成虫有长、短翅型。长翅型体长3.5 ~ 4.2毫米，黄褐色至黑褐色，前翅淡灰色，半透明，有翅斑。雌虫小盾片中央淡黄色或黄褐色，两侧各有一半月形深黄色斑纹，雄虫小盾片黑色。若虫淡黄色至黄褐色，体背有浅色、左右对称的斑纹。卵长茄形，微变曲，长约0.7毫米，初产时乳白色，后变淡黄色，卵成块产于叶鞘、叶中肋组织中，大多集中于叶鞘中下部，被产卵的叶鞘上出现细长形黄褐色小斑点的产卵痕，卵粒成簇成双行排列，卵帽凸出于叶鞘表面，清晰可见，如一粒粒鱼子状。若虫共5龄，近椭圆形，1 ~ 2龄乳白色至淡黄色，腹背无或有不明显的斑纹，3 ~ 5龄灰褐色，胸背有不规则斑纹，中部的纵带为乳黄色，两侧褐色花纹，腹部背面两侧色较深，中央色浅，第四、五节腹背各有一个淡褐色“八”形纹，腹节间有白色的细环圈，第六至八节背面中央具模糊的浅横带，翅芽明显，腹末较钝圆。若虫落水时后足向后斜伸呈“八”形。短翅型体长2.1 ~ 2.8毫米，翅仅达腹部2/3，余均同长翅型。

灰飞虱长翅型成虫、若虫

灰飞虱短翅型成虫

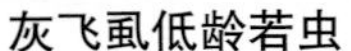

灰飞虱低龄若虫

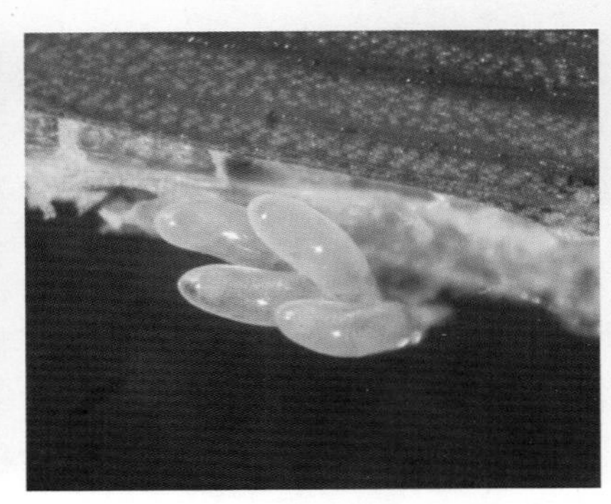

灰飞虱卵

【发生特点】在长江流域一年发生6代，世代重叠现象严重。以四、五龄若虫在茭白老墩基部或麦田中越冬，也可在田边的禾本科杂草上越冬。天气晴暖时仍能活动取食，刺吸茭白茎鞘汁液。越冬若虫于3月下旬末4月上旬初开始陆续羽化，全为短翅型，在茭白的分蘖苗上取食，并陆续产卵，第一代若虫于4月下旬开始发生，5月中旬羽化，全为短翅型；第二代若虫6月上旬开始发生，6月下旬若虫陆续羽化，7月上旬初基本转为成虫；第三代若虫7月上中旬发生，7月下旬至8月上旬羽化；第四代若虫8月上中旬发生，8月下旬陆续羽化为成虫；第五代于9月上旬孵化，10月中下旬发生的第六代若虫随气温下降陆续进入越冬状态。一年中以5 ~ 6月的第一代、第二代虫口密度最高，每丛茭白的虫量可高达40 ~ 50头，每亩携虫量达4万 ~ 5万头。7月中旬后由于高温而导致灰飞虱寿命缩短、产卵量降低、虫口锐减，9 ~ 10月虫口回升，越冬虫量每丛若干头至数十头不等。

灰飞虱生长发育适宜温度为5 ~ 30℃，最适温度20 ~ 25℃，若虫在5℃以上时可取食发育，10℃左右羽化，有较强耐寒力，但耐高温性差，超过30℃，发育速率减慢，死亡率高，成虫寿命缩短。在发生盛期，卵历期5 ~ 9天，若虫期13 ~ 16天，成虫喜在生长嫩绿，高大茂密的植株上产卵，雌虫产卵前期4 ~ 8天，越冬代产卵期长，产卵量多，可达200 ～ 500粒，二代以后的雌虫通常产卵量在数十粒，卵多产在植株组织中，每一卵块有5 ～ 6粒卵。

【为害症状】成虫多聚集在离水面6 ～ 12厘米的茭白叶鞘下部栖息和吸食汁液，很少到叶鞘中上部活动与取食，使茭白植株叶片发黄，生长矮小，严重时引起整株枯死。

【防治要点】

（1）利用灯光进行诱杀，尤其用频振式杀虫灯诱杀效果更好。

（2）在卵孵化高峰期，常亩用25%噻嗪酮可湿性粉剂15克或10%叶蝉散可湿性粉剂200克喷雾防治；在低龄若虫高峰期常用10%吡虫啉可湿性粉剂20克或25%噻嗪酮可湿性粉剂30 ～ 40克、10%叶蝉散可湿性粉剂500克、25%阿克泰水分散粒剂2克喷雾防治。

（六）黑尾叶蝉

【学名】*Nephotettix bipunctatus* Fabricius（或*Nephotettix cincticeps* Uhler），同翅目叶蝉科，又叫黑尾浮尘子。

【形态特征】成虫连翅长4.5 ～ 6毫米，黄绿色，头冠两复眼间有一黑色横带。雌雄异型，雄虫前翅端部1/3为黑色，形似“黑尾”，虫体腹面与腹部背面均黑色；雌虫前翅端部为淡黄绿色，虫体腹面橘黄色，腹背淡黄色。后足胫节有两列细刺，但没有分叉的距，此与飞虱有别。卵长椭圆形，微弯曲，位于叶鞘边缘内侧组织内或叶片中肋内，单行排列成卵块，各卵粒间分离。若虫5

黑尾叶蝉雌成虫（左）、若虫（中）、雄成虫（右）

龄，头大尾尖似“尖椒”，无翅，仅有翅芽。末龄若虫体黄绿色，头部后端及中、后胸背面各有1对倒八字形褐纹，第三至八腹节背面各有1个小黑点。

【发生特点】年发生世代，江浙一带5～6代，湖南、江西、福建6～7代，广东8～11代，以成若虫在茭白附近的禾本科杂草上越冬，广东南部地区越冬不明显。成虫趋光性强，高温无风闷热的夜晚扑灯最多。雌成虫以产卵器插入植株叶鞘内侧，成排产卵藏于叶鞘内。成若虫受惊扰便斜走或横走，如惊动过大则跳跃坠落水面或地面。夏秋高温少雨有利于叶蝉繁殖。亦有趋绿性。

【为害症状】除危害茭白外，以成若虫刺吸寄主茭白汁液危害。雌成虫在产卵时还会刺伤寄主茎叶，破坏输导组织，受害处出现黄白色至褐色条斑，严重时致植株叶片发黄或枯死。

【防治要点】

（1）农业防治：结合积肥，铲除茭白田边杂草以减少虫源；合理布局，尽量避免茭白与水稻等作物混栽，以减少桥梁田；加强肥水管理，勿偏施氮肥和长期深灌，防止茭株贪青徒长，可减轻叶蝉危害；注意保护和利用天敌。

（2）物理防治：在成虫盛发期利用成虫的趋光性用灯火诱杀。

（3）化学防治：在低龄若虫发生期，可每亩用25%噻嗪酮可湿性粉剂1 500～2 000倍液或25%噻虫嗪6～8克、20%啶虫脒可湿性粉剂15～20克、48%毒死蜱EC600～800倍液、50%噻嗪酮+20%啶虫脒（2.2：1）16～24克喷雾防治。

（七）稻蓟马

【学名】*Chloethrips oryzae*（Williams），异名*Thrips oryzae* Williams，缨翅目蓟马科。

【形态特征】雌成虫体长1.2～1.4毫米，体褐色或黑褐色。

头近正方形，单眼前鬃长于单眼间鬃。单眼间鬃位于单眼三角形连线外缘，复眼后鬃4根。触角7节，触角第二节端部和第三至第四节色淡，前胸背板明显长于头部或约等长于头部，后角各具2根长鬃，后缘有3对短鬃。前翅灰色，狭长，有2条纵脉，上脉基鬃4+3根，端鬃3根，下脉鬃11 ~ 13根。中后胸腹板内叉骨均无刺。腹部2 ~ 7节背板后缘具不规则节齿，第八腹背板后缘梳完整，但中部梳毛短小。雄成虫体长1 ~ 1.2 毫米，体色同雌虫。腹部3 ~ 7节腹板具腺域，腹端钝圆。卵肾形，长约0.26 毫米，宽约0.1 毫米。初产时白色透明，后变淡黄色。若虫共4龄，一龄体长0.3 ~ 0.4 毫米，乳白色，触角直伸头前方，无单眼和翅芽；二龄体长0.5 ~ 1 毫米，淡黄色，特征同一龄；三龄又称前蛹，体长0.8 ~ 1.2 毫米，淡黄色，触角向头的两侧伸展，单眼模糊，翅芽短；四龄又称蛹，体长0.8 ~ 1.3 毫米，淡黄色，触角折向头、胸的背面，单眼3个，明显，翅芽长达第六至第七腹节。

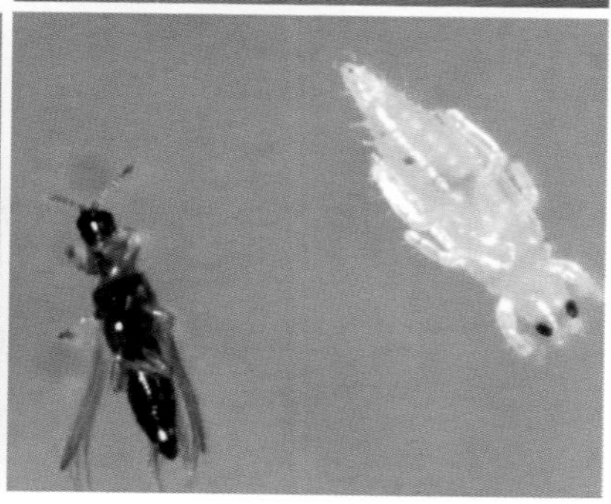

稻蓟马成虫、若虫

【发生特点】一年发生10～20代，第二代开始出现世代重叠，以成虫在茭白植株上越冬。在江浙一带，越冬成虫进入茭白田、水稻田后即可产卵，成虫营两性生殖或孤雌生殖，5～6月卵期8天，若虫期8～10天，成虫活泼，羽化后1～2天即可产卵，2～8天即可进入产卵高峰期，每雌产卵50多粒。卵多产在嫩叶组织内，产卵适宜温度18～25℃，气温高于27℃虫口数量明显减少，7、8月低温多雨，有利于发生为害。

稻蓟马为害状

【为害症状】成、若虫刺吸茭白嫩叶汁液，造成茭白叶片出现白色小点。

【防治要点】

（1）加强田间管理，春季彻底清除田边杂草，减少越冬虫口基数，对已受害的田块增施一次速效肥，恢复茭白苗生长。

（2）在发生高峰期利用黄色粘板诱杀。

（3）用10%吡虫啉可湿性粉剂1 500倍液或25%噻嗪酮可湿性粉剂1 000倍液、5%啶虫脒乳油1 500倍液喷雾防治。

（八）螨　类

【学名】危害茭白叶片的螨类主要是二斑叶螨*Tetranychus urticae*等。属蛛形纲害虫，常见的害螨多属于真螨目和蜱螨目，是危害多种农作物的重要害虫之一。

【形态特征】雌成螨体长0.42 ~ 0.59毫米，椭圆形，体背有刚毛26根，排成6横排。生长季节为白色、黄白色，体背两侧各具1块黑色长斑，取食后呈浓绿、褐绿色；密度大或种群迁移前体色变为橙黄色。雄成螨体长0.26毫米，近卵圆形，前端近圆形，腹末较尖，多呈绿色。卵球形，长0.13毫米，光滑，初产为乳白色，渐变橙黄色，将孵化时出现红色眼点。幼螨初孵时近圆形，体长0.15毫米，白色，取食后变暗绿色，眼红色，足3对。前若螨体长0.21毫米，近卵圆形，足4对，色变深，体背有色斑。后若螨体长0.36毫米，与成螨相似。

茭白螨类——成螨（左）、蜕皮壳（右）

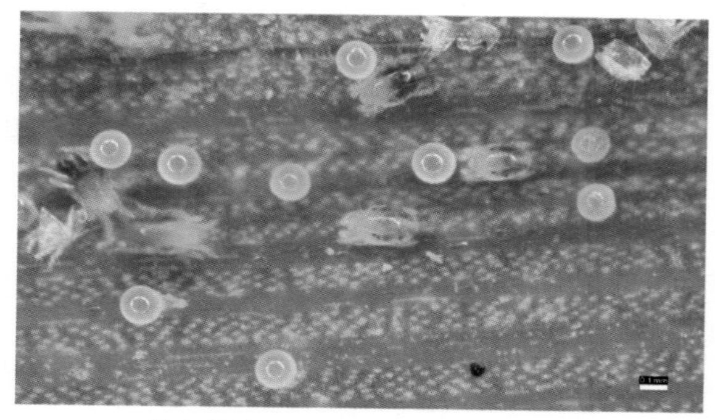

茭白螨类——若螨、卵（扁圆形）

【发生特点】二斑叶螨每年发生15 ～ 20代，越冬场所较为复杂，可在向阳背风的土缝、枯枝落叶下或旋花、夏枯草等宿根性杂草的根际等处吐丝结网潜伏越冬。成螨喜欢群集在叶背主脉附近并吐丝结网于网下为害，大发生或食料不足时成百上千头螨聚集在一起，有吐丝下垂借风力扩散传播的习性。幼螨和若螨主要行两性生殖，也可孤雌生殖，未受精的卵孵化均为雄虫，世代重叠现象严重。成虫羽化后即可交配，在适宜条件下，交配后一日开始产卵，每头雌虫可产50 ～ 100粒卵，卵多产在叶片背面。螨类对作物叶片的含水量比较敏感，最初多在植株下部的老叶上取食。卵孵化后若螨通常在附近叶片上取食，中后期开始向上蔓延转移，虫口密度过大时又扩散为害，可以爬行扩散，也可在叶端群集成团，吐丝结成虫球，垂丝下坠，借风力扩散。二斑叶螨生长发育的适宜温度为10 ～ 37℃，最适温度24 ～ 30℃，相对湿度35% ～ 55%，属于高温活动型。在温室条件下全年都可发生。发育起点温度为8℃左右，温度高于30℃，相对湿度大于70%时，不利于螨类种群繁殖。温度的高低决定了螨类各虫态的发育周期、繁殖速度和产卵量的多少，干旱炎热的气候条件往往会导致其大发生。螨类发生量大、繁殖周期短、隐蔽、抗性上升快，难以防治。

【为害症状】群集在茭白叶片上刺吸汁液，引起叶片出现褪绿斑点或黄白小点，呈网状斑纹，严重时斑点变大，叶片变黄，叶片边缘卷曲，植株枯死。当茭白叶片变老、枯死时，螨类向新叶转移，继续危害新叶。

茭白叶片上的螨类

茭白植株受害症状

【防治要点】

（1）及时清除田埂、田边、沟边杂草，以减少螨源。

（2）通过释放天敌（如植绥螨）来控制跗线螨的为害。

（3）可每亩用15%哒螨酮可湿性粉剂50克或73%克螨特乳油30 ~ 50毫升喷雾防治。喷洒要周到，植株上下部叶片、叶片正背面都要喷到。

（九）蚜　　虫

【学名】危害茭白的蚜虫主要有红腹缢管蚜*Rhopalosiphum rufiabdominalis*（Sasaki）和禾谷缢管蚜*Rhopalosiphum padi*（Linnaeus），属于同翅目蚜科。

【形态特征】红腹缢管蚜：无翅孤雌蚜体长1.7 毫米，宽1.1 毫米。头部黑色，胸、腹部稍骨化，无斑纹。体表粗糙，胸、腹部有明显不规则五边形背纹。缘瘤骨化，位于前胸、第一及第七腹节。体背生粗长尖毛，头部12根；第二至第八节各有缘毛2 ~ 3对，第二至第四节有中侧毛10 ~ 11根，第五至第八节各有4 ~ 5根，第八节毛长为触角第三节直径的3倍。中额瘤显著突起，稍高于额瘤。触角5节，长0.97毫米，第三节有长毛11根，长毛为该节直径的3倍。喙粗大，达后足基节，腹管长桶形，为尾片的2.5倍，尾片有毛4根，尾板有毛16根。有翅孤雌蚜体长1.8毫米，宽0.91毫米。头胸漆黑色，腹部淡色，第一至第六腹节有缘斑，第七、八节横带贯穿全节。触角第三节有圆形次生感觉圈15 ~ 26个，第四节6 ~ 12个，第五节2 ~ 6个。

禾谷缢管蚜：无翅孤雌蚜体长1.9毫米，宽1.1毫米。体色淡，无斑纹。头部光滑，胸腹背面有清楚斑纹。第八腹节有中倍毛2 ~ 3根，长为触角第三节直径的1.4倍。触角长1.2毫米，为体长的0.7倍，第三节长0.35毫米，有短毛9 ~ 11根，毛长为该节直径的0.54倍。喙粗大，超过中足基节，第四、第五节之和长与后足第二附节约相等。第一附节毛序为3、3、2。腹管长圆筒状，顶部收缩，长0.26毫米，为尾片的1.6倍。尾片为长圆锥形，有曲毛4根，尾板有毛9 ~ 12根。有翅孤雌蚜头胸黑色，腹部淡色，第二至第七腹节有缘斑，第七、八节背中有横带。触角第三节有小圆形次生感觉圈19 ~ 28个，第四节2 ~ 7个。

红腹缢管蚜和禾谷缢管蚜混合发生状

【发生特点】主要发生在茭白苗期和分蘖初期，在单季茭白田一般于4月中旬出现，4月下旬进入主害期；在双季茭白田一般6～7月发生比较严重，对茭白苗期生长和分蘖有较大影响。

【为害症状】多聚集在茭白叶片的正反面，以口针刺吸茭白嫩叶或嫩梢汁液，使叶片发黄，影响茭白正常生长，严重时可使茭白叶片卷成筒状，提早枯死，影响产量。

【防治要点】

（1）及时清除田间浮萍、绿萍等水生植物，减少田间虫口数量。

（2）保护利用田间瓢虫、蚜茧蜂、食蚜蝇、草蛉、食蚜盲蝽等自然天敌，抑制蚜虫的发生为害。

（3）在重发生区，加强田间虫情调查与监测，当半数叶片出现皱缩、田间有蚜株达到15%～20%、单株蚜量达到1 000头时，应进行药剂防治，可每亩用10%吡虫啉可湿性粉剂20克或25%噻嗪酮可湿性粉剂30～40克、20%苦参碱1 500倍液喷雾防治。

（十）锹额夜蛾

【学名】*Archanra* sp.,杂夜蛾亚科、锹额夜蛾属。

【形态特征】外形略似黏虫，成虫淡褐色至褐色，变化较大。成虫体长28.5～29.5毫米，头部额有锹形突起，复眼较大，圆形，黑色无毛，触角丝状。雌蛾前翅中央具有一条黑色纹，横贯于中室，前翅外缘有7个小黑点，排列成行，内横线

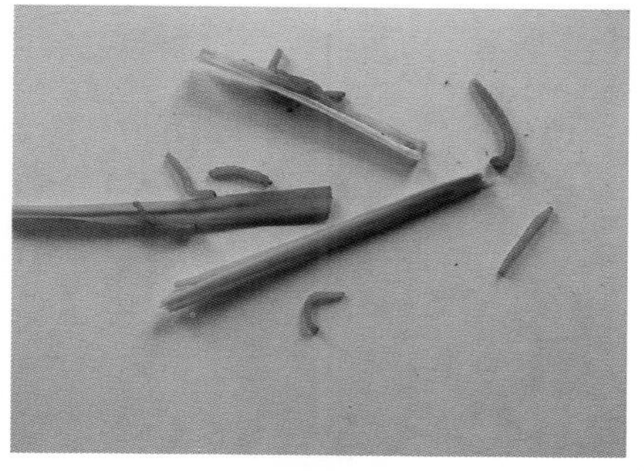

锹额夜蛾低龄幼虫

部位相应也有一列小黑点与之平行。后翅外缘具一列小黑点，但与之平行的为一条黑纹，后翅内侧淡灰褐色，向外渐深，臀毛簇灰褐色或淡褐色。雄蛾翅缰1 根，雌蛾3根。卵呈半球形，表面具凸出的脊纹和凹进的细沟，初产时奶白色，以后颜色逐渐变深，经黄色至褐色，孵化前为黑色。老熟幼虫体草绿、翠绿或淡绿色，体圆筒形，两端较细，体长47 ～ 57毫米，平均52.3 毫米。头部及前胸淡棕黄色，前胸及1 ～ 8节各有一扁圆形黑色气门。背中线色淡，两侧各有一色较深的条纹。腹足趾钩眉状。蛹体深褐色，粗壮，具光泽，体长23 ～ 29 毫米。头部顶端突出，似角状，上具皱纹。翅芽伸达第四腹节。腹背第5 ～ 8节，每节前缘有许多刻点，呈带状，中部刻点较密，腹面刻点十分稀疏。臀棘梳状，上具粗刚毛一列。

锹额夜蛾为害叶鞘症状

锹额夜蛾为害后植株产生枯心症状

【发生特点】夜出性害虫。成虫日伏晚出，羽化在晚上18 ～ 21时为多，尤其19时30分左右最盛。蛾子活动性差，无趋化性，对糖醋酒诱液无明显反应，对黑光灯、普通灯光有一定趋性。3月中旬成虫羽化高峰期，夜间寻偶交尾产卵，每只雌蛾可产200 ～ 300粒卵，最高可达600粒。卵产于叶鞘内侧或叶鞘，成堆或散产。3月下旬至4月上旬，幼虫孵化后开始为害茭白叶鞘，蛀食茭白心叶，蛀入孔比螟虫大得多。开始蛀入孔离地面约5厘米，后上升至8 ～ 35

厘米，虫龄越大，蛀入孔越高。幼虫上颚极为有力，食量极大，食性很杂。幼虫在植株间频繁转移，选择取食粗壮主茎，但不取食小分蘖。幼虫水性好，善游，在水中浸或下沉水底几十小时后，离水15～30分钟仍能存活。老熟幼虫在5月中旬至6月上中旬在茭白叶鞘内化蛹。

【为害症状】以幼虫钻蛀为害叶片、叶鞘和嫩茎。对茭白破坏性极强，取食3～4天后就可使茭白主茎呈枯心状，叶色仍呈绿色，但已干枯，幼虫粪多排泄于叶鞘外，仅取食主茎的嫩茎，一直取食到根基，从不取食茭白的果肉。

【防治要点】

（1）在成虫发生期可用灯光诱杀。

（2）在幼虫孵化期用药防治，药剂选用参考二化螟。

（十一）黏　虫

【学名】*Mythimna separate*（Walker），又名栗夜盗虫，剃枝虫，五彩虫等，鳞翅目夜蛾科。

【形态特征】成虫体长15～17毫米，翅展36～40毫米。头部与胸部灰褐色，腹部暗褐色。前翅灰黄褐色、黄色或橙色，变化很多；内横线往往只现几个黑点，环纹与肾纹褐黄色，界限不显著，肾纹后端有一个白点，其两侧各有一个黑点；外横线为一列黑点；缘线为一列黑点。后翅暗褐色，向基部色渐淡。卵长约0.5毫米，半球形，初产白色渐变黄色，有光泽。卵粒单层排列成行成块。老熟幼虫体长38毫米。头红褐色，头盖有网纹，额扁，两侧有褐色粗纵纹，略呈八字形，外侧有褐色网纹。体色由淡绿至浓黑，变化甚大（常因食料和环境不同而有变化）；在大发生时背面常呈黑色，腹面淡污色，背中线白色，亚背线与气门上线之间稍蓝色，气门线与气门下线之间粉红色至灰白色。腹足外侧有黑褐色宽纵带，足先端有半环式黑褐色趾钩。蛹长约19毫米，红

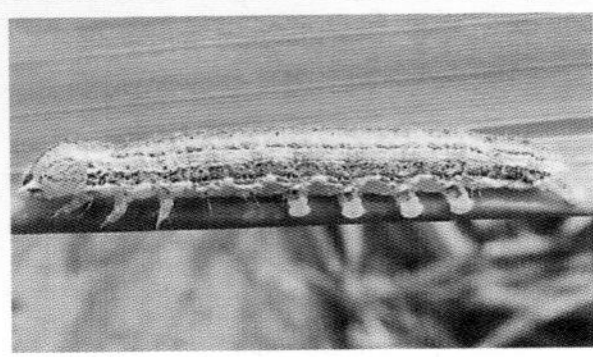
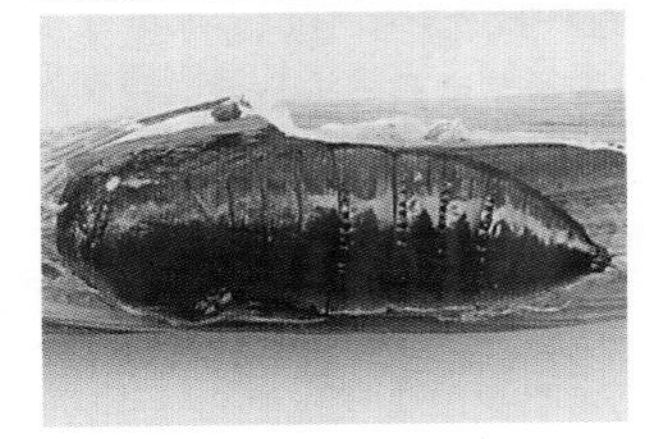

黏虫成虫（上）、幼虫（中）、蛹（下）
（引自：夏声广《图说水生蔬菜病虫害防治关键技术》）

褐色，腹部5 ～ 7节背面前缘各有一列齿状点刻，臀棘上有4根刺，中央2根粗大，两侧细短刺略弯。

【发生特点】具有迁飞性、聚集性、杂食性、爆发性。长江流域一年发生5 ～ 6代，以幼虫和蛹在茭白桩、杂草上越冬。成虫昼伏夜出，白天潜伏于草丛、墙缝中，夜晚出来取食，卵多产于茭白端部与下部枯叶或叶鞘中。幼虫有假死性，傍晚后阴天爬到茭白植株上为害。适宜生长温度10 ～ 25℃，相对湿度85%；成虫喜欢在生长势好、生长茂密的田块产卵。产卵适温19 ～ 22℃，低于15℃或高于25℃，产卵量减少，高于35℃，不能产卵。

【为害症状】初龄幼虫仅能啃食茭白叶肉，使叶片呈白色斑点，三龄后可蚕食叶片成缺刻，五至六龄幼虫进入暴

黏虫为害状

食期，大发生时可将茭白叶片全部食光，造成严重损失。

【防治要点】

（1）利用黑光灯或频振式杀虫灯诱杀成虫。

（2）在低龄幼虫期（三龄前）可每亩用10%氟虫双酰胺•阿维菌悬浮剂1 500倍液或40%氯虫苯甲酰胺•噻虫嗪水分散粒剂3 000 ～ 4 000倍液、20%氯虫苯甲酰胺水分散粒剂3 000 ～ 4 000倍液、50%辛硫磷乳油800 ～ 1 000倍液喷雾防治。

（十二）稻 苞 虫

【学名】*Parnara guttata* B. G.

【形态特征】成虫长17 ～ 19毫米，体背及翅黑褐色有金黄色光泽，触角棍棒状，前翅有白色半透明斑纹7 ～ 8个，排列成半环形；后翅，直纹稻弄蝶中央有4个半透明白斑，排列成一直线，隐纹稻弄蝶无斑纹。稻弄蝶以幼虫食叶为害茭白。直纹稻弄蝶老熟幼虫体长35 毫米左右，头部正面及两侧有“山”形褐纹。隐纹稻

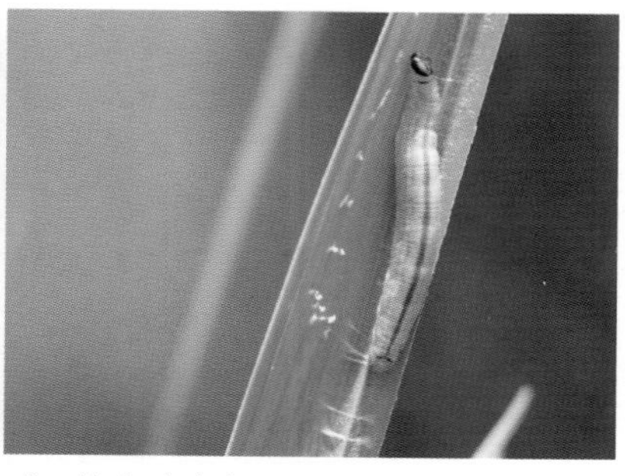

稻苞虫成虫（左）、幼虫（右）

弄蝶36 毫米左右，幼虫头部两侧有1条垂直暗红色纹。

【发生特点】以老熟幼虫和部分蛹在茭白、稻桩和杂草丛中结苞越冬。成虫日伏夜出，喜食花蜜，有趋嫩绿产卵习性。卵多产

在嫩绿叶片背面，一二龄幼虫多在叶尖或叶边纵卷成单叶苞，三龄后能缀成多叶苞，躲在其中取食，老熟后在苞内化蛹，少数因叶片被吃光而转移到稻丛中下部枯叶做茧化蛹。在浙江一年发生4～5代，第一代幼虫发生在5月中下旬，主要为害早插早稻；第二代幼虫发生在6月下旬至7月上旬，为害迟插早稻和单季稻；第三代幼虫发生在7月下旬至8月中旬，为害早插连作晚稻；第四代在9月，为害晚稻；第五代在10月，为害迟熟晚稻。该虫发生为害与6～8月的雨量、雨日和温湿度条件关系密切，以7～9月危害最重。另外，山区稻田、新稻区、稻棉间作区或湖滨区发生为害较重。

【为害症状】为害茭白时的缀苞形式与为害水稻时不同，多数情况下一张叶片一个苞，将叶片从中上部横折下来，吐丝缀合，然后取食叶片端部，形成约10厘米长的虫苞，幼虫即在中肋与叶缘中间取食，仅留中肋和丝状的叶缘，以后又转移为害。也有少数幼虫将叶片纵卷，但在纵卷的虫苞中多是低龄幼虫，老熟幼虫必做横苞，以便在其中化蛹，蛹苞纺锤形。绝大多数情况下每个虫苞只有1条幼虫，极少数有2条幼虫。

稻苞虫蛹

稻苞虫为害状

【防治要点】

（1）采用人工捕（诱）杀方法，利用蜜源植物集中捕杀成虫。

（2）在幼虫为害初期可摘除虫苞，采用拍、捏等方法消灭虫苞。

（3）化学防治：在低龄幼虫时，每亩用18%杀虫双水剂200毫升或20%除虫脲悬乳剂20～30毫升、5%氟苯脲乳油50毫升，也可每亩用50%杀螟丹可湿性粉剂800～1 000克或B.t.乳剂800～1 000倍液喷雾防治。

（十三）毛眼水蝇

【学名】毛眼水蝇是危害茭白水蝇的统称，属双蝇目水蝇科。除菲岛毛眼水蝇（*Hydrellia philippina* Ferino）外，还有灰刺角水蝇（*Notiphila canescens* Miyagi）、稻水蝇（*Notiphila sekiyou* Koiz）等多种。

【形态特征】成虫体长1.7～2.3毫米，体灰褐色至黑灰色，头部铅灰色，复眼密布黑短毛，腹部黑色，但密布细毛而呈绿灰色，唯腹部背面呈暗灰色，每一节后缘具灰色环带。幼虫初孵时乳白色，后变浅黄色至黄绿色，长圆筒形11节，体表光，有侧毛，口针黑褐色，后端分叉，前胸气门突起，腹部末端具1对气门，末龄幼虫体长6～8毫米。

【发生特点】在我国一年发生3～8代，其中在新疆一带年发生3～4代，在湖北、江苏一带年发生5代，在广西和台湾等省份年发生约8代。以幼虫在水沟李氏禾、晚稻再生稻和茭白墩上越冬。主要在5月上旬至10月中旬危害茭白，其中7月下旬至10月

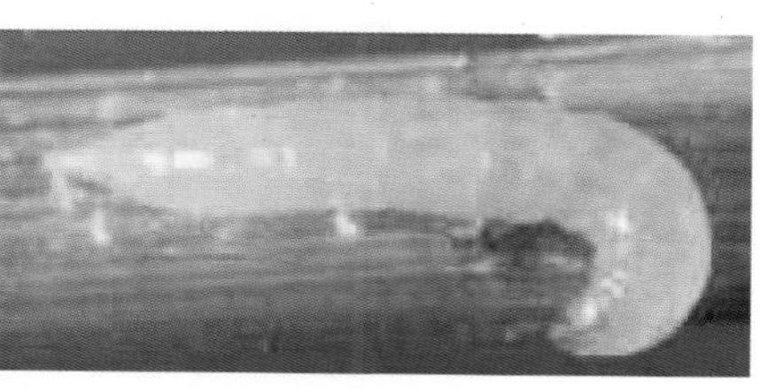

茭白毛眼水蝇成虫（左）、幼虫（右）

菲岛毛眼水蝇成虫（左）和蛹（右）

上旬是为害高峰期。幼虫还有转移为害的习性，幼虫取食10天后体型明显增大，活动逐渐减退，15 ～ 18天后大多数幼虫蛀入茭白肉进入叶鞘准备化蛹，幼虫为害期一般15 ～ 25天。

茭白毛眼水蝇幼虫为害状

【为害症状】主要危害禾本科茭白、野茭白、水稻等作物和李氏禾等禾本科杂草。幼虫蛀食叶鞘和叶肉，叶鞘虫道内堆积黄褐色虫粪、碎屑，后腐烂折倒，茭肉外呈黄褐色虫道和斑孔，造成严重减产。初孵幼虫大多爬到叶鞘基部蛀入，先在叶鞘表皮内来回蛀食，然后向内蛀食，深度可达7 毫米左右，虫道长80 ～ 250 毫米，宽1 ～ 3.5 毫米，虫道内充满黄褐色碎粒或结成黄褐色块状物。叶鞘被害后沿虫道腐烂、倒伏。幼虫老熟后，在叶鞘内化蛹，叶鞘上残留羽化孔。幼虫除为害叶鞘外还可为害肉质茎，初孵幼虫从肉质茎基部蛀入，在肉质茎内虫道平均长达38毫米，宽0.8 ～ 2.2毫米。幼虫老熟后向外钻一个小孔，茭白肉外表可见黄褐色斑孔。

【防治要点】

（1）加强植物检疫，防治扩散。毛眼水蝇可通过茭白苗引种传入，其寄主还包括水稻，因此要加强检疫防止其进一步扩散蔓延。

（2）清除幼虫越冬场所。入冬前齐泥割掉茭白残株，挖除雄茭、灰茭，集中烧毁、深埋，可有效降低越冬虫源基数。另外，铲除田间及周围杂草（看麦娘、绿萍、水生杂草等），集中烧毁，可减少产卵场所和成虫取食来源，从而有效减少虫源。

（3）在幼虫发生初期或低龄幼虫期，可选用2.5%溴氰菊酯EC 2 500倍液或10%吡虫啉可湿性粉剂1 500倍液、50%蝇蛆净粉剂2 000倍液、50%辛硫磷EC 1 000 ～ 1 500倍液喷雾防治。隔7天再防治一次。

（十四）福 寿 螺

【学名】*Pomacea canaliculata*（Lamarck），又名大瓶螺、苹果螺，软体动物门腹足纲中腹足目瓶螺科瓶螺属。

【形态特征】整个身体由头部、足部、内脏囊、外套膜和贝壳5 个部分构成。头部圆筒形，有前、后触手各一对，眼点位于后触手基部，口位于吻的腹面。头部腹面为肉块状的足，足面宽而厚实，能在池壁和植物茎叶上爬行。贝壳短而圆，大且薄，壳右旋，有4 ～ 5个螺层，体螺层膨大，螺旋部极小，壳面光滑，多呈黄褐色或深褐色。脐孔大且深，厣为褐色角质薄片，具同心圆生长纹，厣核偏向螺轴一侧。外套膜薄而透明，包裹整个内脏囊，外套腔的背上方有一个薄膜状的肺囊，能直接呼吸空气中的氧，具有辅助呼吸的功能。肺囊充气后能使螺体浮在水面上，遇到干扰就会排出气体迅速下沉。雄螺生殖孔开口于交接器顶端，雌螺生殖孔开口于外套腔。

【发生特点】一生经过卵、幼螺、成螺三个阶段。在浙江省发生为不完全二代，包括越冬代和第一代，世代重叠。主要以幼螺、成螺在农田、山塘、池塘、沟渠及土壤中越冬，越冬代成螺一般为直径2 ～ 3 厘米的中型螺。翌年3月下旬至4月上旬开始活动，4月至7月中旬和9月中旬至11月是福寿螺的两次繁殖高峰期。4月上中旬成螺开始产卵，卵可产在茭白植株、杂草、石块等任何物体上，但主要产在离水面10 ～ 40 厘米的茭白植株基部。初产卵块呈明亮的粉红色至红色，在快要孵化时变成浅粉红色。5月第一代成螺开始产卵，6月气温升高产卵量明显增加，7 ～ 8月成幼螺量达到最高峰，9 ～ 10月开始下降，11月开始随气温下降进入茭白

雌成螺

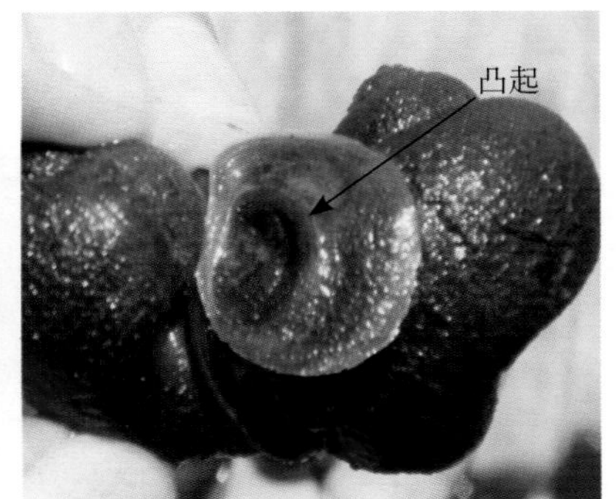

雄成螺

从基部或其他地方避难所越冬。

【为害症状】在茭白田，幼螺孵化后开始啮食茭白幼苗，尤其嗜食幼嫩部分包括茭白的小分蘖，茭白孕茭后转向为害茭白肉，用粗糙的舌头刮取茭白的肉质，影响茭白品质，尤其对孕茭期较

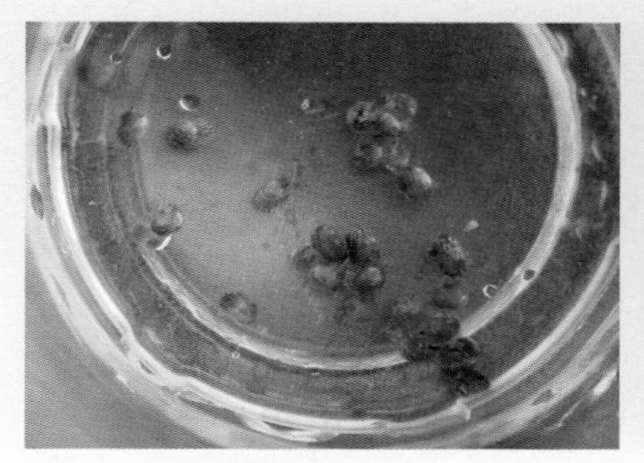

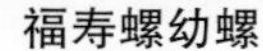
福寿螺幼螺

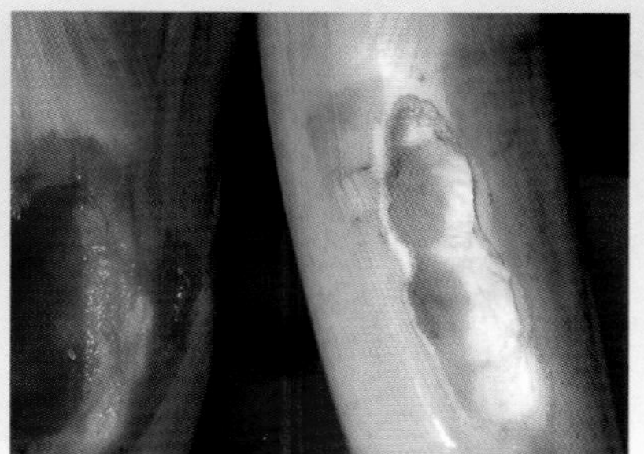

福寿螺为害茭白状

茭白植株上福寿螺卵块

长的四季茭为害时间长、程度重。

【防治要点】

（1）冬季在溪河渠道、茭田水沟低洼积水处越冬，故对越冬场所进行施药处理。特别严重田块，在茭白移栽前利用机械化耕作，打碎、压碎福寿螺；或者与其他旱生作物进行轮作，减少种群。

（2）茭白定植后在茭田四周开一条沟，利用分蘖期间进行搁田1～2次，把福寿螺引到水沟，集中施药处理。在茭白田灌溉水进出口处放一张金属丝或毛竹编织的网，可有效阻止福寿螺在茭白田间相互传播。

（3）产卵期间，在早晨和下午福寿螺最活跃时进行人工捡螺、摘卵；也可用毛竹竿（桩）诱集福寿螺产卵，减少卵量；也可在田里放芋头、香蕉、木瓜等引诱物诱集福寿螺。

（4）在幼螺期利用茭白田套养中华鳖（鸭）捕食福寿螺，控制其发生数量。

（5）在幼螺期用45克/米^{2}生石灰、30 ～ 45克/米^{2}茶籽饼、6克/米^{2}茶皂素或每亩3 ～ 5千克茶籽饼直接施到耕好的田块或排水沟中，也可每亩用500 ～ 700克四聚乙醛拌土撒施。1.7%印楝素乳油500 ～ 1 000倍液、夹竹桃叶乙醇提取物200 ～ 400倍液对福寿螺幼螺也有较好杀灭效果。

（十五）椎 实 螺

【学名】*Lymnaea staynalis*，也称缘桑螺、耳萝卜螺，软体动物腹足纲椎实螺科。

茭白叶片上的椎实螺

【形态特征】雌雄同体，成螺贝壳耳状，圆锥形，壳质薄，稍透明，壳面淡褐色或茶褐色，长约10毫米，具有一个短螺旋部，体螺层大，螺旋部长，壳口宽。无奄，头部宽大，有一对略呈三角形能收缩的触角，触角内侧基部有眼；头部腹面具口器，短而膨大。体右侧前方有生殖孔，雌孔和雄孔分离。卵粒排列整齐成块状，包裹于透明的胶质卵袋内。幼螺初生时很小，长1 ～ 1.5毫米，外形似成螺，螺尾旋痕不清。

【发生特点】一般每年发生两代，以成螺在水边土缝内或土层中越冬。5月中下旬越冬成螺产卵，14 ～ 17天后幼螺孵化，两个月后性成熟。成螺交配后4 ～ 7天开始产卵，每只成螺可产卵100粒以上，7月下旬进入第二代。卵囊多附着在茭白茎叶或水中土块上，螺匍匐爬行，有时以腹足向上，在水面上缓慢游动，有逆水上游习性。喜栖息在静水的沿岸水沟或水田里，常群集在浅水或水生植物多的水域内，水温15 ～ 29℃适宜温度下繁殖很快并扩散。水温16 ～ 17℃时，卵期14 ～ 15天，22 ～ 23℃为9 ～ 10天。10月上旬第二代成螺在田边土缝中越冬。茭白移栽后，生长在浅塘、沟渠里的椎实螺转移到茭白田中繁殖为害，最初仅田边或零星发生。椎实螺喜欢生长在阴暗潮湿的环境中，在多雨、寡照、潮湿的气候环境下为害严重。

【为害症状】一般用齿舌刮食茭白嫩叶，贝壳朝下，因螺重将叶片折断，使茭白叶倒挂，并黏附于水面或泥上，造成叶片逐渐黄化腐烂。受害秧苗轻者影响光合作用和分蘖，重者整株枯死，最终毁苗重栽。

茭白椎实螺及茭白植株受害症状

【防治要点】

（1）在茭白田湿润状态下可施碳酸氢铵控制；由于碳酸氢铵有较强的氨气刺激，会使椎实螺死亡。

（2）利用茭白田养鸭捕食椎实螺，减少其发生基数。

（3）对于上年发生严重的田块，可在茭白移栽前亩用茶籽饼6～8千克处理；也可用6%四聚乙醛颗粒剂500～600克与化肥或干燥细土拌匀后撒施与田中。在秧苗期发现椎实螺开始爬上稻株且螺量较多时，用茶籽饼浸泡液进行防治。具体方法：将碾碎的茶籽饼每亩4～5千克，用温水浸泡3小时（凉水浸泡24小时），滤去残渣后对水50千克喷雾。

二、茭白病害诊断与防治

（一）胡麻叶斑病

【学名】*Helminthosporium zizaniae* Nisk，由半知菌亚门真菌菰长蠕孢菌侵染所致，俗称茭白叶枯病。是茭白常见的一种病害。

【病原菌主要特征】病菌经PDA培养基培养后，菌落初为灰白色，后为墨绿色，气生菌丝致密，绒状，有隔。分生孢子以点聚生方式着生于分生孢子梗上，黄褐色至绿褐色，80 ~ 260微米 × 7.5 ~ 9.5微米。分生孢子呈倒棍棒状，具横隔膜1 ~ 9个，孢壁较厚，脐明显突出，顶端钝圆，大小为33.5 ~ 150微米 × 11 ~ 26.5微米。

【发病规律】病原菌以菌丝体和分生孢子在茭白老株病叶上越冬。病菌喜欢高温高湿的环境，适宜发病温度范围15 ~ 35℃，最适28 ℃，相对湿度85%以上。最适发病生育期为成株期、采收期，发病潜育期5 ~ 7天。长江中下游地区的主要发病盛期在6 ~ 9月。一般6月初见，但年度间差异较大。温度高、湿度大、通风透光性差，十分有利于病害的发生和流行，尤其在大棚种植环境下发生严重。在茭白分蘖生长期间，当温度大于20℃、雨日连续2天以上、相对湿度大于92%、光照少的天气开始出现后的半个月左右，田间开始发病且能见到胡麻叶斑病病斑。茭白田连作、土壤肥力不足或氮、磷、钾等失衡，发病严重。

【病害症状】主要危害叶片，叶鞘也可发病。叶片发病初期，密生针头状褐色小点，后扩大为褐色纺锤形、椭圆形斑，大小和形状如芝麻粒。后期病斑中心变灰白至黄色，边缘深褐色，外围有黄色晕围。病情严重时可见叶片上密密麻麻分布着病斑，并联合成不规则的大斑，造成较大的坏死区，致使叶片由叶尖或叶缘向下逐渐枯死，最后干枯。一般从叶尖或叶缘向下逐渐枯死。叶鞘病斑较大，数量较少。湿度大时，病斑长出暗灰色至黑色霉状物，即分生孢子梗和分生孢子。

胡麻叶斑病早期病斑（放大。左：正面；右：背面）

胡麻叶斑病早期病斑

【防治要点】

（1）冬季清园，结合冬前割茬，收集病残老叶烧毁，减少越冬菌源。在茭白生长期间应经常剥除植株基部黄叶、病叶和无效分蘖，以减少病原菌源并改善通风透光条件，收获后及时清除残体，集中烧毁。

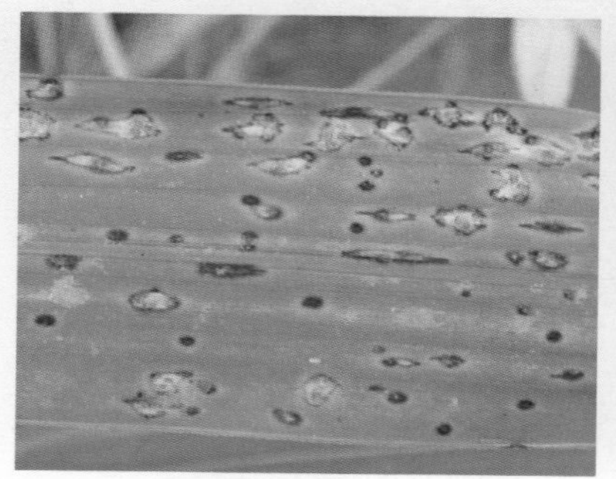
胡麻叶斑病中期病斑

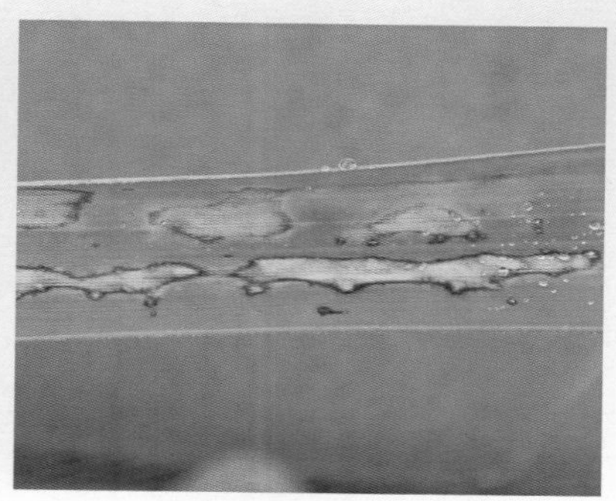
胡麻叶斑病后期病斑

胡麻叶斑病中期发病症状

胡麻叶斑病后期发病症状

（2）加强健身栽培，适时适度晒田，提高根系活力，增强植株抗病能力；加强肥水管理，增施有机肥，合理施用氮肥，尤其要注重早施钾肥或草木灰。对于酸性较强的土壤，可适量施用生石灰和草木灰，能明显减轻胡麻叶斑病发生。土壤pH在4.5以下，每亩施生石灰100～150千克，土壤pH在5～6，每亩施生石灰50～75千克。

（3）轮作换茬。发病重的田块结合茭白品种更新时轮种其他作物，如茭白与旱生蔬菜轮作，可减少病菌在田间的积累，减少病害的发生。

（4）药剂防治。应在发病初期及时用药，亩用25%吡唑醚菌酯25 ～ 30毫升加水45 ～ 60千克或20%腈菌唑乳油1 500倍液、10%苯甲•丙环唑1 000 ～ 2 000倍液、50%异菌脲1 000 ～ 1 500倍液喷雾防治，也可用2%春雷霉素可湿性粉剂250 ～ 300倍液或80%代森锰锌可湿性粉剂1 000倍液。每隔7 ～ 10天防治一次，连续防治2 ～ 3次，孕茭前停止用药。吡唑醚菌酯、苯甲•丙环唑对水生生物中等毒性，在养鱼茭白田禁止使用。

（二）锈　　病

【学名】*Uromyces coronatus* Miyabe *et* Nishida，由担子菌亚门真菌茭白冠单胞锈菌侵染所致，俗称茭白黄疸病。是茭白生产上常见的病害之一。

【病原菌主要特征】夏孢子球形至椭圆形，黄褐色，顶端色较深，厚壁，表面有微刺，大小21 ～ 32毫米 × 16 ～ 22毫米；冬孢子卵圆形至长椭圆形，顶圆而壁厚，上有若干指状突起，下部具淡褐色的柄，大小25 ～ 40毫米 × 13 ～ 21毫米。

【发病规律】以病菌菌丝体及冬孢子在茭白老株和病残体上越冬，翌年在茭白生长期间，夏孢子借气流传播进行初侵染，病部产生的夏孢子不断进行再侵染使病害蔓延；生长季节结束后，病菌又在茭白老株和病残体上越冬。茭白锈菌喜温暖潮湿环境，适宜发病的温度范围8 ～ 30℃，最适发病环境气温14 ～ 24℃，最适发病生育期为分蘖期至孕茭期，发病潜育期5 ～ 10天。4 ～ 9月为锈病的主要发生期，尤其是6 ～ 8月为发病高峰期。梅雨期的连续多阴雨有利于病害发生。夏秋高温多雨年份发生重；连作田块，排水不良田块，偏施氮肥，生长茂密通透性差的田块发病重。

【病害症状】主要危害茭白叶片，在叶鞘上也有发生。发病初时，茭白叶片正反面及叶鞘上散生褪绿小点，后稍大，呈黄色或铁锈色隆起的小疱斑（夏孢子堆），后疱斑破裂，散出锈色粉状物，严重时叶片布满黄褐色疱斑，不但降低光合效能，还使病叶

茭白叶片锈病症状（左：正面；右：背面）

茭白叶片锈病严重发生症状

茭白田间锈病早期发生症状

茭白田间锈病中期发生症状

田间锈病中后期发生症状

田间锈病后期发生症状

早枯。后期叶片、叶鞘现灰色至黑色小疱斑（冬孢子堆），长条形，表皮不易破裂。

【防治要点】

（1）加强田间管理，提高植株抗病力。施足基肥，多施有机肥、磷肥、钾肥。苗期、分蘖期、孕茭期分别用0.1%～0.2%硫酸锌叶面喷雾。水层管理以“薄水栽植、浅水分蘖，中后期加深水层，湿润越冬”等方法。茭白分蘖后期需多次清除黄叶、病叶、枯叶，增强田间通风透光。

（2）药剂防治。防治茭白锈病效果较好的药剂有12.5%烯唑醇可湿性粉剂2 500～3 000倍液、10%苯醚甲环唑可湿性粉剂

2 000 ～ 2 500倍液、20%苯醚甲环唑微乳剂1 500 ～ 2 000倍液，25%吡唑醚菌酯每亩25 ～ 30毫升、20%腈菌唑乳油1 500倍液、10%苯甲•丙环唑1 000 ～ 2 000倍液等。但吡唑醚菌酯、苯甲•丙环唑对水生生物中等毒性，在养鱼茭白田禁止使用。施药时间掌握在发病初期，茭白孕茭期慎用杀菌剂。

（三）纹枯病

【学名】*Rhizoctonia solani* Kühn，由半知菌亚门真菌立枯丝核菌侵染所致。全国各地茭白产区均有发生，除寄主茭白外，还危害水稻。是茭白的主要病害，重发田块严重影响茭白产量。

【病原菌主要特征】初生菌丝无色，老熟时变为褐色，菌丝有分枝、分隔；分枝与主枝多成锐角或近直角，分枝菌丝基部均有明显的缢缩现象，距分枝不远处有一横隔膜，菌丝直径4 ～ 11微米；菌丝每个细胞具有多个细胞核，一般3 ～ 5个。菌落生长初期为白色，后逐渐变为淡褐色，最后变为大小和形状不一的灰色或近黑色菌核，内部为褐色。

【发病规律】病菌在土壤中或在病残体、杂草或其他寄主植株越冬，成为初侵染源，第二年田间病株上的菌丝与健株接触，或菌核借水流传播，进行再侵染。发病最适宜条件，温度25 ～ 32℃，相对湿度95%以上。最适发病生育期为分蘖期至孕茭期，发病潜育期3 ～ 5天。长江中下游发病盛期在5 ～ 9月。高温多湿、种植过密、长期深灌水、偏施氮肥、缺乏钾素、连续种植多年的茭田发病重。在田间，植株内的小气候对茭白病害发生的影响作用尤为明显，如田间湿度大，且茭株生长旺盛、基部通风透光性比较差，发病重。

【病害症状】该病主要危害叶片和叶鞘，分蘖期和结茭期易发病。病斑初呈圆形至椭圆形，水渍状，扩大后为不定形，似云纹状，斑中部露水干后呈草黄色，湿度大时呈墨绿色，边缘深褐色，病、健部分界明显，呈云纹斑状不规则形病斑。发病严重时，病部蛛丝状菌丝缠绕，或由菌丝结成菌核。

茭白叶鞘上纹枯病初期症状

茭白叶鞘上纹枯病中期（左）、后期（右）症状

田间茭白纹枯病发生症状

【防治要点】

（1）发病严重的茭白田最好进行水旱轮作。

（2）结合农事操作，及时清除下部病叶、黄叶，改善通风透光条件。

（3）加强肥水管理，适时、适度晒田。

（4）施足基肥，早施追肥，增施磷、钾肥，避免偏施氮肥，提高茭白植株抗性，减轻危害。

（5）药剂防治。药剂保护重点是植株上部几片功能叶。发病初期用30%苯醚甲环唑•丙环唑乳油2 000倍液或15%井冈霉素A可溶性粉剂1 500 ～ 2 500倍液、20%井冈霉素•三环唑悬浮剂1 000倍液、23%噻氟菌胺悬浮剂1 000 ～ 1 200倍液、5%井冈霉素水剂250 ～ 300倍液喷雾，50%异菌脲可湿性粉剂800 ～ 1 000倍，隔7 ～ 10天喷一次，连续喷2 ～ 3次。

（四）茭白瘟病

【学名】*Pyricularia zizaniae* Hara，由半知菌茭白灰心斑梨孢霉

菌侵染所致，又叫茭白灰心斑病。是茭白田常见病害，在田间常与茭白胡麻叶斑病混合发生，最初的症状也较相似。

【病原菌主要特征】病菌分生孢子梗3 ~ 5枝簇生，无色至浅褐色，大小125 ~ 420 微米 × 3 ~ 4 微米，分生孢子倒梨形，无色，群集时呈灰绿色，大小19 ~ 32 微米 × 6 ~ 12 微米，基部小突起长1 ~ 5 微米。

【发病规律】病菌以菌丝体、分生孢子在老株和遗落在田间的病叶上越冬，翌年春暖后产生分生孢子，经风雨传播危害，发病后病部形成分生孢子再侵染。温度、湿度是影响发病的主要因素，温暖高湿利于发病，平均气温达20℃时开始危害，发病适温18 ~ 35℃，最适温度22 ~ 30℃，相对湿度90%以上。最适发病生育期为茭白成株期至采收期，发病潜育期5 ~ 7天。长江中下游地区发病期在5 ~ 9月，阴雨连绵，光照不足，土壤湿度低，利于发病。植株过密，长势弱，有邻近稻田时发病重。6月上旬至7月上旬正值梅雨季节，气温也在25 ~ 28℃，是该病流行高峰期。随着7月中下高温的出现，病情发展趋慢，病情稳定。

稻瘟病——叶瘟症状

【病害症状】主要危害叶片。病斑有急性、慢性、褐点三种类型。急性病斑大小不一，小的似针尖，大的似绿豆，较大的病斑两端较尖，暗绿色，潮湿时叶背病斑上产生灰绿色霉。慢性病斑梭形，边缘红褐色，中部灰白色，潮湿时病部产生灰绿色霉。褐点斑出现在高温干旱天气，老叶上病斑多，严重时叶片变黄以致枯干。

茭白植株叶片上茭白瘟病症状（圆圈内）

【防治要点】同茭白胡麻叶斑病。具体防治方法：

（1）合理轮作，选择无病田块留种。

（2）结合冬前割茬，收集病残组织，集中烧毁。

（3）适当多搁田排水，增施钾肥、锌肥和磷肥。

（4）发病初期用20%苯醚甲环唑微乳剂2 000 ～ 3 000倍液或20%井冈霉素可湿性粉剂800 ～ 1 000倍液、50%异菌脲可湿性粉剂600 ～ 800倍液、50%多菌灵可湿性粉剂500 ～ 600倍液喷雾防治，隔7 ～ 10天喷一次，连续喷2 ～ 3次。为避免产生交互抗性，可采用两种药剂混配或交替使用的方法。

（五）黑 粉 病

【学名】*Ustilago esculenta* P. Heen，由担子菌亚门真菌茭白黑粉菌侵染所致，俗称灰茭、灰心茭。是茭白常见病害之一，茭肉受害后无实用和商品价值，对产量影响较大。

【病原菌主要特征】病菌孢子堆生于茎秆内部，病茎显著膨大，形成纺锤形或长椭圆形菌落。内部形成椭圆形长达12毫米的黑褐色孢子堆。孢子球形，壁暗褐色，密生细刺，大小6～12.5微米。

【发病规律】病菌以厚垣孢子团随种茭墩或以菌丝体和厚垣孢子团随病株残体在土壤中越冬。翌年茭白生长期适宜条件下，冬孢子萌发产生厚垣孢子，再由厚垣孢子产生小孢子侵入茭白嫩茎，随着茭白生长扩展到生长点。病菌常通过雨水或田水传播，气流或株间接触也可传播。先从植株嫩茎、叶鞘及叶片伤口、气孔或表皮进行初侵染，几天后出现症状，以后产生厚垣孢子团，不断向健康叶片、叶鞘及邻近植株蔓延，进行再侵染。茭白黑粉菌喜欢温暖高湿环境，发病适宜气温25～32℃，相对湿度90%以上。最适发病生育期为分蘖期至成株期，病害潜育期15～40天。形成孢子囊的适宜温度13～18℃，日平均气温15℃左右的早晚温

茭白黑粉病病丛

差期间最易发病。苏浙沪地区茭白黑粉病发生盛期在4 ～ 9月。高温、多雨季节发病重；连作田块，分蘖过多，造成过密的郁闷高湿环境发病重；肥力不足，植株生长弱，灌水不当等均会加重病害发生。

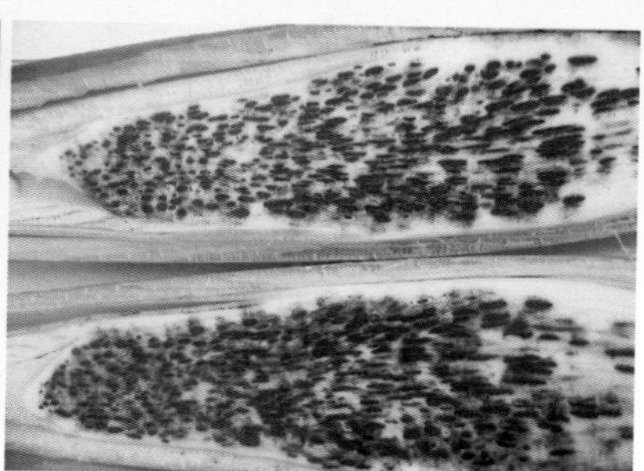

茭白黑粉病病茭横切面（左）、纵切面（右）

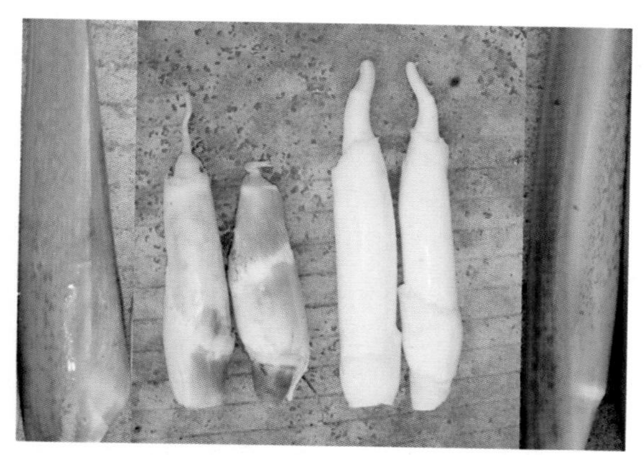

茭白黑粉病病茭中间肿胀突出（左1 ～ 3）、正常茭（右1 ～ 3）

【病害症状】茭白黑粉病为系统性病害。染病后植株生长势减弱，症状具体表现在叶片、叶鞘和茭肉。叶片上表现为叶片增宽，叶色偏深，呈深绿色。叶鞘上表现为发病初期叶鞘上病斑为深绿色小圆点，以后发展成椭圆形瘤状突起，后期叶鞘充满黑色孢子团，使叶鞘呈墨绿色。茭肉发病时黑粉菌充满茭白组织，使中间鼓胀突起，茭白肉条体变短，外表面多有纵沟，粗糙，长到老也不开裂，严重的茭肉全被厚垣孢子充满，成为一包黑粉不能食用，横切茭肉可见黑色孢子堆，此时茭白肉不能食用，这就是常见的“灰茭”。

【防治要点】

(1) 农业防治。发生过茭白黑粉菌的田块，应与旱土作物进行隔年轮作，坚持选用健壮不带菌的优良茭种育苗和栽种。春季要将种苗老茭墩地上部割去，压低种墩，以便降低分蘖节位。对带菌种墩可用25%多菌灵可湿性粉剂加75%百菌清可湿性粉剂（1 ：1）600倍液浸种墩进行消毒处理。加强肥水管理，施足基肥，坚持科学用水，按不同生育期管理好水层，避免长期深灌。在茭白老墩萌芽初期，疏除过密分蘖，使养分集中，萌芽分蘖整齐一致，便于田间水层管理，减少发病机率。结合中耕追肥等农事操作，及时摘除下部黄叶、病叶，并携带出茭白田外销毁，以增强通透性。

(2) 药剂防治。在发病初期及早施药，药剂可选用20%苯醚甲环唑微乳剂1 500 ～ 2 000倍液或10%苯醚甲环唑水分散粒剂1 000 ～ 1 200倍液、25%多菌灵可湿性粉剂加75%百菌清可湿性粉剂（1 ：1）600倍液、25%三唑酮可湿性粉剂1 000倍液（注意孕茭期千万不能用）喷雾防治。每隔7 ～ 10天喷雾一次，连续防治2 ～ 3次，若在多雨季节用药，注意雨后及时补喷。

（六）细菌性条斑病

【学名】病原菌有丁香假单胞菌*Pseudomonas syringae*和甘蓝黑腐病菌*Xanthomonas campestris*两种。

【病原菌主要特征】丁香假单胞菌菌落呈白色，近圆形，中央突起呈污白色，表面光滑，有光泽，边缘整齐。菌体短杆状，有极生鞭毛1～4根，革兰氏染色呈阴性。甘蓝黑腐病菌*Xanthomonas campestris*菌落呈黄色，圆形，中央稍突起，表面光滑，边缘整齐。菌体短杆状，有极生鞭毛1根，革兰氏染色呈阴性。

【发病规律】病菌生长适温28～30℃，通过灌溉水或雨水接触气孔或伤口侵入，叶脉对病菌扩展有阻隔作用，故在病部形成条斑，病斑上溢出的菌脓借风雨、水流、叶片之间接触进行再侵染。始见于6月中旬，7月中旬为盛发期，病害在田间呈直线增长，7月下旬进入稳定期，具有发病时间短、病情增长迅速的特点。

【病害症状】病菌侵染茭白后，叶片上先产生水渍状小点，后沿叶脉逐渐扩大，形成宽1～3毫米长条斑，数天后成为黄褐色至黑褐色条斑，湿度大时在病斑上出现许多细小的露珠状黄色菌脓，干燥后不易脱落。严重时，叶鞘上病斑互相愈合，引起叶鞘腐烂，造成整株死亡。

细菌性条斑病病害症状

【防治要点】在发病初期，可用20%叶青双可湿性粉剂120～150克或20%龙克菌30～40毫升、10%氯霉素可湿性粉剂800～1 000倍液、新植霉素1 000万单位、50%代森铵水剂800～1 000倍液喷雾防治，隔7～10天视病情决定施药次数；也可每亩用生石灰50千克撒施茭白田，减少病原菌，以控制病害发生。喷药时，加0.3%磷酸二氢钾或0.001%芸薹素等植物生长素，加快植株康复，提高防治效果。

（七）软腐病

【学名】*Erwinia carotovora* subsp. *carotovora*，由欧氏杆状细菌胡萝卜致病型侵染所致。

【病原菌主要特征】细菌菌体短杆状，大小0.5 ~ 1.0微米×2.2 ~ 3.0微米，鞭毛周生2 ~ 8根，革兰氏染色阴性反应，兼性好气性。在肉汁胨培养基上形成乳白色至灰白色菌落，半透明，有光泽，稍有荧光。病菌生长最适温度27 ~ 30℃，最低4℃，最高38℃。致死温度50℃（10分钟）。病菌不耐光照和干燥，在日光下暴晒2小时，大部分病菌即死亡。

【发病规律】病菌以细菌体在田间病株、窖藏种株中越冬，或随病残体遗落在土中或土杂肥乃至害虫体内越冬，借助雨水、灌溉水、带菌肥料和昆虫等传播，从寄主伤口侵入致病。茭白在运输销售过程中主要通过发病与健康组织之间相互接触传染致病。

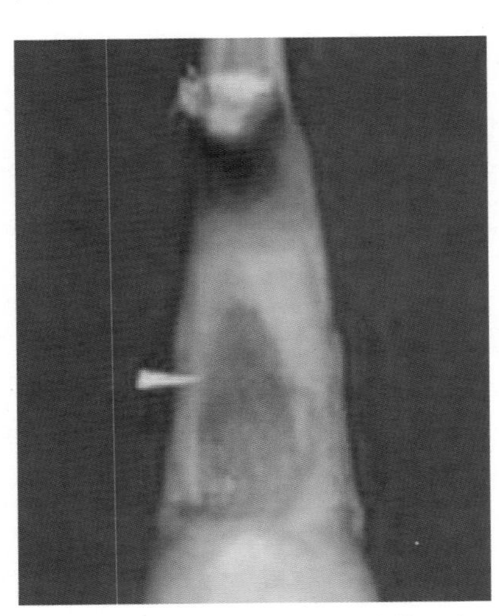

茭白软腐病（引自：中国农资网）

【病害症状】主要发生在茭白采收后运输、销售和贮藏期。染病茭白初呈近圆形至不定形近半透明水渍状斑，后病斑迅速扩展，患部组织软腐，闻之有恶臭味，终致茭肉部分或大部分组织腐烂，不能食用。患部病征一般不明显，触之有质黏感。

【防治要点】

（1）在剥除叶鞘、露出茭肉时，剔除可疑病茭，另行处理，避免接触传染。

（2）勿把茭白与大小白菜等十字花科蔬菜一起堆放销售，以防止或减少软腐病接触传染。如发现个别或少量白菜类蔬莱感染了软腐病时，更应及时彻底妥善处理，避免病害蔓延，招致更大损失。

（3）在常温条件下，将茭白基部在明矾粉中蘸一下，或浸于1%～2%明矾水中几秒钟，可延长茭白产品贮藏时间约10天，或在明矾液中加入12%农用硫酸链霉素可溶性粉剂4 000～5 000倍液，然后再浸茭白，可有效减少接触传染，抑制软腐病蔓延。

（4）药剂防治。在发病初期，用70%敌磺钠可湿性粉剂500～800倍液或20%龙克菌可湿性粉剂500～600倍液、新植霉素3 000～4 000倍液、72%农用硫酸链霉素4 000倍液对茭白叶鞘喷雾，7～10天喷一次，连续喷2～3次。

（八）褐腐病

【学名】*Dendrodochium* sp.，由半知菌多枝瘤座孢霉真菌侵染所致。

【病原菌主要特征】病菌分生孢子座垫状，白色。分生孢子梗轮枝状分枝，瓶状小梗轮生于顶端。分生孢子顶生，单细胞，长椭圆形，无色，大小3～7微米×2～3.5微米。

【发病规律】病菌以菌丝体和分生孢子随茭白植株病残体和老株在土壤中越冬，条件适宜时形成初次侵染源，以分生孢子通过灌溉水和雨水流动或溅射传播，使病害扩展蔓延，温暖潮湿有利于褐腐病发生。

【病害症状】主要危害茭白植株叶鞘和茭肉，先在叶鞘上出现淡黄褐色水渍状病斑，边缘模糊，以后发展成不定形褐色坏死斑，边界

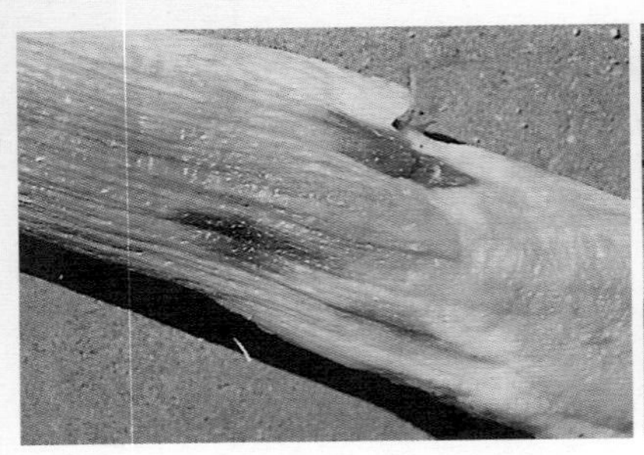
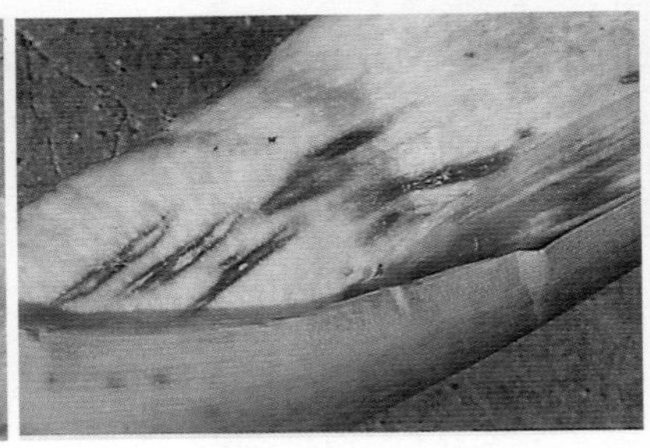

茭白褐腐病初期病茭（左）**和中期病茭**（右）
［引自：郑建秋《现代蔬菜病虫鉴别与防治手册（全彩版）》］

茭白褐腐病后期病茭
［引自：郑建秋《现代蔬菜病虫鉴别与防治手册（全彩版）》］

不清晰，颜色较浅，继续发展病部腐烂变朽。茭白染病多形成红褐色至黄褐色梭形病斑，中央和两端颜色较浅，并向上下扩展，严重时多个病斑连片，使茭肉腐烂变质，完全不能食用。病部露于水面之上时，病斑中央可产生白色霉状物，即病菌的分生孢子梗和分生孢子。

【防治要点】

（1）冬季收割后结合割茬，彻底清除田间病残组织和带病老株，减少田间菌源。

（2）茭白生长期间灌浅水，适当增加搁田时间，适时清除茭白植株中下部老黄病叶和带病叶鞘，改善田间小气候。

（3）必要时进行药剂防治。具体药剂可参考茭白纹枯病。在发病初期用5%井冈霉素可湿性粉剂100 ～ 150克或50%甲基硫菌灵700 ～ 800倍液、50%多菌灵可湿性粉剂700 ～ 800倍液，对水75 ～ 100千克喷洒。隔7 ～ 10天喷一次，共喷3 ～ 4次。

（九）黑斑病

【学名】*Altermaria* sp.，由半知菌交链孢霉真菌侵染所致。

【病原菌主要特征】病菌分生孢子梗暗褐色，单枝，长短不一，偶有分枝或具有屈曲，顶端常扩大，具有几个孢子痕，大小22.5～116微米×3～5.5微米。分生孢子长椭圆形或倒棍棒状，有喙或无喙，表面光滑，浅橄榄褐色，具横隔膜2～12个，纵隔膜0～8个，大小24～73微米×6.5～18微米。喙孢具0～2个隔膜，大小7～35.5微米×2.5～5微米。

【发病规律】病菌以菌丝体和分生孢子在病残体上越冬，成为翌年初侵染源。病菌借气流或雨水传播，分生孢子可直接侵入叶片，条件适宜时产生分生孢子再侵染。温暖高湿有利于发病。茭白生长期多阴雨或降雨次数多、植株茂密、生长衰弱等发病较重。

【病害症状】此病主要侵染茭白叶片，初期在茭白叶片上出现暗绿色水渍状小点，以后呈紫褐色，进一步发展成近椭圆形至梭形病斑，中央浅红褐色至紫褐色，边缘暗褐色，湿度高时病斑表面产生灰黑色霉状物，即病菌分生孢子梗，分生孢子病斑外围常有暗绿色晕环。病害严重时，叶片上病斑密布，相互连成一片，最终导致叶片枯死。

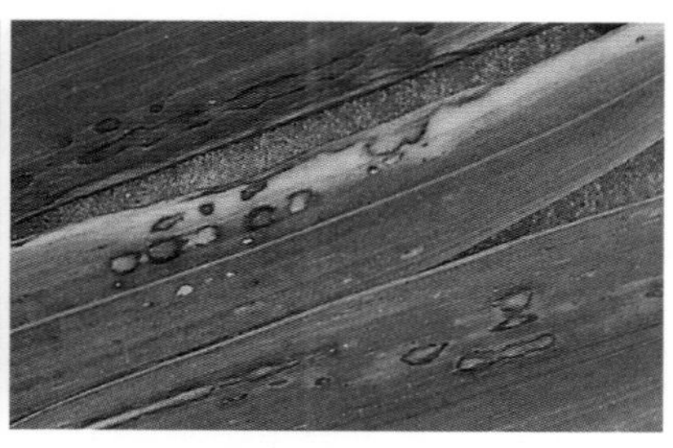

茭白黑斑病中后期病斑（左）和放大病斑（右）

［引自：郑建秋《现代蔬菜病虫鉴别与防治手册（全彩版）》］

【防治要点】

（1）采茭后彻底清除病株，并带出茭田外集中处理。

（2）重病田轮栽倒茬，减轻发病。

（3）合理密植，增施有机肥，防止偏施氮肥，提高茭白植株抗病力。

（4）发病初期进行药剂防治。用10%苯醚甲环唑水分散颗粒剂800～1 200倍液或新植霉素可湿性粉剂4 000倍液、3%中生菌素可湿性粉剂2 000～3 000倍液、50%多菌灵可湿性粉剂500～800倍液、50%异菌脲可湿性粉剂1 000～1 500倍液、25%叶枯灵可湿性粉剂750～1 000倍液、70%甲基托布津可湿性粉剂1 000倍液、70%敌磺钠可湿性粉剂250～500倍液喷雾防治，隔7～10天喷一次，共喷3～4次。

（十）白腐病

【学名】*Sclerotium hydrophilum* Sacc.，由半知菌亚门稻球小菌核菌真菌侵染所致。

【病原菌主要特征】病菌菌核球形，椭圆形或洋梨形，表面粗糙，初为白色，后渐变成黄褐色，成熟时变黑色。大小315～681微米×290～664微米，菌核外层细胞深褐色，大小4～14微米×3～8微米，内层细胞无色或浅黄色，结构疏松，细胞直径3～6微米。

【发病规律】病菌以菌丝体和分生孢子在病残体上或田间其他寄主及杂草上越冬，成为翌年病害的初次侵染源。再侵染主要靠田间病株产生病菌借菌丝攀缘，或者以菌核借流水传播。病菌生长温度为10～40℃，适宜温度28～32℃。高温多雨有利于白腐病发生。田间菌核数量多，天气高温潮湿，或者茭田长期灌深水、偏施氮肥，病害发生重。

【病害症状】主要危害茭白植株叶鞘和茭白，叶鞘染病初期为水渍状灰绿色至黄褐色，不定形，多呈云纹状，边缘不明显，随着病害进一步发展，许多病斑连成一片，导致大片叶鞘组织坏死变褐，最后腐烂。剥开叶鞘，茭白表面产生许多绢丝状白霉，随病菌侵染茭白组织呈水渍状坏死变褐，最后腐烂。后期病叶鞘内部形成初为白色后为黑褐状的小粒状菌核。

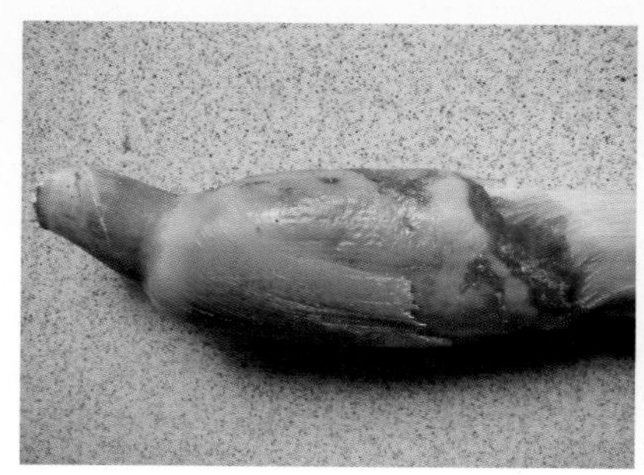
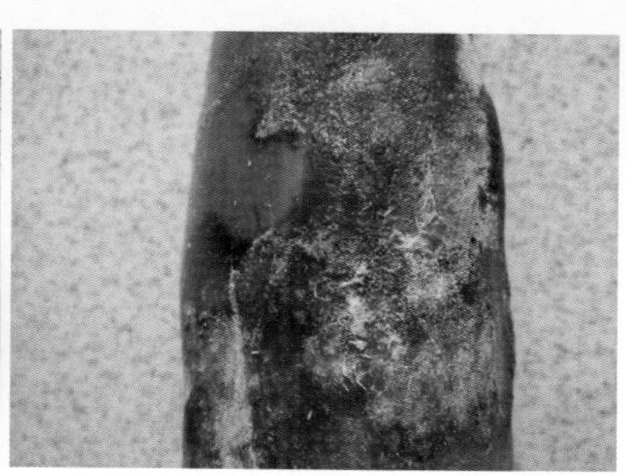

茭白白腐病病茭

【防治要点】

（1）施足基肥，增施磷钾肥，避免偏施氮肥。根据茭白植株有效分蘖和正常孕茭的需要，保持前期浅灌水，中期晒田，后期保持湿润的水浆管理措施，避免长期深灌水。

（2）结合田间中耕管理措施，及时除去下部病叶黄叶，增加田间通透性。

（3）在发病初期及时用药防治，可选用5%田安水剂400倍液或50%敌菌灵可湿性粉剂400倍液、65%甲霉灵可湿性粉剂600倍液、40%菌核利可湿性粉剂500倍液、5%井冈霉素水剂1 000 ～ 1 500倍液，重点喷叶鞘部位，喷足药液量。

三、茭白田杂草识别与防治

（一）空心莲子草

【学名】*Alternathera philoxeroides*（Mart）Criseb.，又叫革命草、水花生、空心苋、喜旱莲子草。苋科，莲子草属。

【形态特征】多年生宿根性草本。茎基部匍匐，上部上升，管状，不明显4棱，长55 ~ 120厘米，具分枝，幼茎及叶腋有白色或锈色柔毛，茎老时无毛，仅在两侧纵沟内保留。叶片矩圆形、矩圆状倒卵形或倒卵状披针形，长2.5 ~ 5厘米，宽7 ~ 20毫米，顶端急尖或圆钝，具短尖，基部渐狭，全缘，两面无毛或上面有贴生毛及缘毛，下面有颗粒状突起；叶柄长3 ~ 10毫米，无毛或微有柔毛。花密生，成具总花梗的头状花序，单生在叶腋，球形，直径8 ~ 15毫米；苞片及小苞片白色，顶端渐尖，具1脉；苞片卵形，长2 ~ 2.5毫米，小苞片披针形，长2毫米；花被片矩圆形，长5 ~ 6毫米，白色，光亮，无毛，顶端急尖，背部侧扁；雄蕊花丝长2.5 ~ 3毫米，基部连合成杯状；退化雄蕊矩圆状条形，约与雄蕊等长，顶端裂成窄条；子房倒卵形，具短柄，背面侧扁，顶端圆形。

【生物学特性】分布很广，生于池塘、沟渠、稻田、茭白田、果园、旱地，是危害较严重的杂草。多年生宿根性草本，以根茎繁殖，匍匐茎发达，节处生根，茎的节段也可萌生成株，借此蔓延而扩散。茎段可随水流及人和动物活动而传播，并迅速在异地着土生根。偏嗜高温、高湿，但适应性极强，0℃以下不死，8 ~ 20℃生长较慢，20℃以上生长较快，温度越高生长越快。空心莲子草对湿度也有极强适应性。水分越好，长势越好。在深

空心莲子草

水、浅水、死水和活水中均能正常生长，但以浅水、活水生长更好。对不同酸碱度也有较强的适应性，pH3 ~ 10均能生长，以pH5 ~ 7生长最好。对强光也有较强适应性，光照越强，生长越旺。总之，空心莲子草适应性强，适生范围广，但生长速率和生物量大小与温度、水分、光照成正相关。花期较长，从5月至10月，开花数与光照成正相关，空地及水面开花较多，开花量虽大，但结实率非常低。

【防治要点】人工拔除或茭田养鸭（鱼）控制其发生危害。

（二）矮 慈 姑

【学名】*Sagittaria pygmaea* Mig，又称瓜皮草，泽泻科，慈姑属。

【形态特征】一年生沼生草本。花茎直立，株高10 ~ 15厘米，无地上茎，地下有纤匍枝，枝端有似慈姑状小球茎。叶全部基生呈莲座状，长条形或条状披针形，长4 ~ 18厘米，宽3 ~ 8 厘米，顶端渐尖，基部鞘状，质厚，全缘，中脉不明显，两侧各有多条平行脉，被横小脉连成方格网。须根白色，每0.5 ~ 0.8厘米有一横格，地下茎无隔膜，可与根区别。块茎着生在地下茎顶端，先端有0.6 ~ 1.0厘米喙状顶芽，顶芽基部生有2 ~ 3个侧芽。块茎球形或扁球形，轮状体上有3 ~ 5个节，直径0.1 ~ 0.6厘米。花葶自叶丛中抽生，直立，顶生花序，花单性，稀疏的总状花序具花2～3轮；雌花通常1～2个，无梗，着生在下部；雄花2～5个，生于上部，有细长柄，花瓣3朵，白色，雄蕊约12枚；萼片倒卵状长圆形，心皮多数，扁平。瘦果阔卵形，两侧有翅，翅缘有锯齿。

矮慈姑

【生物学特性】出苗后50～60天形成球茎。球茎无休眠期，在淹水条件下很快长出新植株。球茎在土层中分布很浅，多在土层5厘米内。球茎不耐干燥和暴晒，在土表暴晒2～3天即失去发芽力，但耐低温性强。－5～－6℃仍能保持发芽力，深埋土中易丧失发芽力。球茎萌发的气垫温度为10℃左右，最适25～30℃，最高30～35℃。土壤水分饱和或略有水层有利于球茎发芽。球茎出苗后首先长出2～3张线形叶，然后长出广线形本叶。从整地泡水到第一片本叶，温度20℃需20天，25℃需6天，30℃需3天。苗后10～15天，当本叶长至3～4片时，地下茎开始伸长，其顶端伸出水面产生分株。矮慈姑不耐干旱，搁田可有效控制分株，有利于球茎形成。种子具有休眠期，萌发较球茎迟，6月上旬始苗，但田间实生苗极少见。种子生于沼泽、池塘边、沟边及茭田，是茭田中极常见的一种杂草。生长密集的地方严重影响茭白生长。花期6～7月，果期8～9月，带翅的瘦果可漂浮水面，随水传播。灌水条件好、肥力水平高的田块，发生严重。

【防治要点】利用茭白田养鸭、养鱼控制其发生和危害。

（三）牛毛毡

【学名】*Eleocharis yokoscensis*（Franch.et Savat.）Tang et Wang，莎草科荸荠属。又名牛毛草。为农田恶性杂草。

【形态特征】成株：多年生小草本，具极纤细匍匐根状茎，线形，白色。秆细如毛发，密丛生似牛毛毡，高2～12厘米，叶退化成鳞片状，只有截形叶鞘。管状叶鞘膜质，淡红色，小穗单一顶生，卵形，稍扁，长约3毫米；全部鳞片均有花，鳞片卵形或卵状披针形，鳞片膜质，有1脉，两侧紫色。下位刚毛1～4条，长为小坚果的2倍，有倒刺。柱头3枚，花柱基稍膨大。子实：小坚果长圆状倒卵形，无棱，长1.5～2毫米，淡黄色或苍白色，有细密整齐横向长圆形网纹，花柱基短尖状。幼苗：子叶留土，第一片真叶针状，长约1厘米，横切面圆形，其中有2个大气腔，叶鞘薄而透明。第二片真叶与前者相似。

【生物学特性】种子具有休眠期，种子萌发起点温度为12℃，最适温度22～25℃，土壤水分饱和或略有水层的条件下出苗最好，出苗期7天，出苗率90%，成苗率100%。越冬根状茎每节均有越冬芽，立春4～5月从节上萌发出新株，每棵丛生8～12株。在北京5～6月，长江流域4月下旬，开始萌发返青，先从节上萌发1～3新株，再从节上长出新根状茎4～6条，新根状茎节

牛毛毡

上再长出新株，生长蔓延很快。温度对其生长速率影响大，平均气温16.9℃，出苗和分蘖各需15天。分蘖最适温度25℃。土壤水分饱和至3厘米水层时，分蘖生长最快，6厘米以上抑制其生长，甚至不能开花结实。喜光，耐遮阴，遮阴50%时仍能良好生长，过分遮阴则抑制正常生长。

根茎细而繁多，纵横交织在1～3厘米土层中，节部生芽和根，生长蔓延迅速。种群竞争力强，严重时节满布茭白田，使土壤贫瘠，地温降低，强烈抑制茭白生长，而且降低茭白的产量和质量。虽体小，但繁殖力极强，蔓延迅速。营养繁殖（通过地下茎）极为迅速发达，也可种子繁殖，常在田间形成毡状群落，严重影响作物生长。部分种子借风力和水流向外传播。6～7月开花，7～8月成熟，种子边成熟边脱落，落入土中寿命可达三年以上。

【防治要点】中耕除草或利用茭白田养鸭（鱼）控制其发生和危害。

（四）稗　　草

【学名】*Echinochloa crusgalli*（L.）Beauv，禾本科稗属。

【形态特征】一年生草本，丛生，光滑无毛，高50～130厘米。叶鞘无毛，无叶舌、叶耳；叶片线形，长10～35厘米，宽5～20毫米。圆锥花序长9～19厘米，呈不规则尖塔形，主轴较粗壮，具角棱，粗糙；小穗长约3毫米，密集于穗轴一侧，小穗与分枝及小枝均有硬刺疣毛；每小穗含2花，第一小花雄性或中性，第二小花两性；颖片及第一外稃脉具疣毛；第二外稃成熟后变硬；芒长5～10毫米，生于第一外稃上。

稗　草

【生物学特性】喜水喜湿，耐干旱，耐盐碱，是危害茭白最严重的杂草之一。也能生长在旱地。根系发达，吸肥力很强，中期生长迅速，严重抑制茭白生长。萌发温度较宽，起点温度13℃，最适温度

20 ~ 25℃，30 ~ 40℃仍能萌发，变温有利于萌发。萌发需要充足的水分，以土壤含水量40%为最好，土壤较干或水层较深均抑制其萌发，一般水层5厘米以上很难出苗。稗草以土壤表层1 ~ 2厘米萌发最好，5厘米以下虽能萌发但长势差，10厘米以下很难萌发。具有较强生长势，每长一叶需积温约85日度。种子寿命长，在室温下干燥贮存可达8年，埋在淹水的土中可达6年。花果期6 ~ 10月，种子数量多。

【防治要点】人工拔除控制其发生和危害。

（五）鸭 舌 草

【学名】*Monochoria vaginalis*（Burm.f.）Presl ex Kunth.，又称兰花草、鸭仔草、猪耳草、马皮瓜。雨久花科鸭舌草属。

【形态特征】一年生沼生草本，茎直立或斜生，根状茎极短，株高10 ~ 30厘米，全株光滑无毛。叶纸质，光滑无毛，叶片条形、卵形至卵状披针形，长2 ~ 6厘米，宽1 ~ 5厘米，顶端尖端，基部圆形或浅心形，全缘，弧状脉；基生叶具长柄，茎生叶具短柄，叶柄长达20厘米，基部有鞘。总状花序由叶鞘基部抽出，有3 ~ 6花，整个花序不超过叶的高度。花被不对称，6片，2轮排列，披针形或卵形，蓝紫色。蒴果长卵形，长约1厘米，种子长圆形、细小，表面具纵棱。初生叶1片，互生，披针形，基部两侧有膜质鞘边，有3条直出的平行脉，第一片后生叶与初生叶相似。

【生物学特性】种子有较长休眠期，萌发起点温度13 ~ 15℃，最适温度20 ~ 25℃，30℃以上萌发受到抑制。是典型的水生杂草，可缺氧萌发，萌发需要较多水分，在淹水或土壤水分饱和条件下萌发较好，湿润条件下萌发较慢。土层0 ~ 1厘米，萌发最好。2厘米以上不能萌发。植株较大，根系较浅，需肥、需水，营养生长与温度、水分、光照、肥力关系密切。生长最适温度20 ~ 25℃，水分适宜，每3 ~ 4天生长一片叶，以6月下旬至7月上旬生长最快。

鸭舌草

在土壤水分超饱和或略有薄水条件下生长最好。漫射光照条件下也能正常生长，但过于隐蔽，生长较差。直射光照过强，也不利于生长。根系浅，植株大，需肥量特别是氮肥较多，根外追施速效氮肥有利于生长。苗期5～6月，花期7月，果期8～9月。

【防治要点】利用茭白田养鸭（鱼）控制其发生和危害。

（六）凤 眼 莲

凤眼莲

【学 名】*Eichornia crassipes* (Mart.) Solms.，又称水葫芦。雨久花科凤眼蓝属。

【形态特征】株高30～50厘米，根状茎粗短，具长匍匐枝，与母株分离后生出新植物，密生，多数细长须根，叶基生，莲座式排列，叶片卵形或圆形，大小不一，长和宽2.5～12厘米，顶端钝圆，基部浅心形、截形、圆形或宽楔形，略带紫红色，全缘，无毛，光亮，具弧状脉；叶柄长短不等，可达30厘米，中部膨胀成囊状，内有气室。花莛单生、多棱角，中部有鞘状苞片，穗状花序有花6～12朵；花被6裂，卵形、矩圆形或倒卵形，蓝紫色，外面近基部有腺毛，上部裂片较大，有鲜黄色斑点，外面基部有腺毛，雄蕊3长3短，3枚短的藏于花被管内，3枚长的伸出花外，花柱细长。蒴果卵形。

【生物学特性】浮水草本或根生于泥中，侧生长匍匐枝，枝顶出芽生根成新株，进行无性繁殖，夏秋开花。十分喜肥，尤其是氮肥，水层养分含量高时，植株高大，根系较短，开花少，繁殖快；养分低时，植株小，根系长，叶色黄，葫芦带紫，容易开花，繁殖慢。喜温，0 ~ 40 ℃范围内均能生长，13 ℃以上开始繁殖，20 ℃以上生长加快，25 ~ 32 ℃生长最快，35 ℃以上生长减慢，43 ℃以上逐渐死亡。花期7 ~ 9月。

【防治要点】人工拔除或茭白田养鸭可有效控制其发生。

（七）四 叶 苹

【学名】*Marsilea guadrifolia* L.，苹科苹属。别名田字苹、四叶苹。

四叶苹

【形态特征】多年生水生蕨类植物。根状茎细长而横走。节部向下生须根，向上发出一至数枚叶片，叶长5 ~ 25厘米，小叶4片，倒三角形，田字形排列。9 ~ 10月产生孢子果，孢子果矩圆状肾形，有短柄，单生或簇生于叶柄基部，幼时有毛，后变无毛。

【生物学特性】生长于水田、沟渠、池塘中，是茭白田常见杂草。冬季叶枯死，以根状茎越冬，翌春分枝自春至秋不断生叶，大量发生时密布土面，严重影响茭白生长。长江流域一带3月下旬至4月上旬从根茎处长出新叶，5 ~ 9月继续扩展或形成新根芽和根茎，9 ~ 10月产生孢子囊，11 ~ 12月孢子成熟。

【防治要点】通过中耕除草或茭白田养鸭可有效控制其发生。

（八）鳢　肠

【学名】*Eclipta prostrata* L.，菊科鳢肠属。又名墨旱莲、旱莲草。

【形态特征】一年生草本菊科植物，幼苗子叶椭圆形或近圆形，初生叶2片，椭圆形。成株茎从基部和上部分枝，直立或匍匐，绿色至红褐色，被伏毛，株高15 ~ 60厘米。叶对生，无柄或基部叶具柄，被粗伏毛，叶片长披针形、椭圆状披针形或条状披针形，全缘或具细锯齿。头状花序顶生或腋生；总苞片5 ~ 6枚，具毛；托片披针形或刚毛状；边花舌状，全缘或2裂；心花筒状，4个裂片。筒状花瘦果三棱状，舌状花瘦果四棱形，表面具瘤状突起，无冠毛。

【生物学特性】属短日照植株。种子具有休眠期，萌芽起点温度15℃，最适温度20 ~ 30℃，35℃以上仍可发芽。喜生于潮湿环境，萌发期早迟、萌发量大小与高峰期长短与土壤湿度关系密切，土壤含水量小于10%不能发芽，20% ~ 30%萌发量最大，易形成高峰。土壤水分饱和及有薄水条件下萌发减慢，水层3厘米以上萌发受到抑制。幼苗期生长较慢，3 ~ 4叶期发生分枝后生长加快。植株高低、分枝多少与光照度、湿度、土

鳢　肠

层含盐量有关。在土壤水分充分湿润饱和条件下生长最好，耐盐碱性强，在含盐量达0.5%以上的中重盐土上也能生长。5 ~ 6月发芽、出苗，7月底8月初始花，花期较长，可达10 ~ 11月，开花次序由下向上，由内向外，花后半月种子成熟。开花结实与光照度有关。

【防治要点】通过中耕除草、人工拔除有效控制其发生。

（九）丁 香 蓼

【学名】*Ludwigia prostrata* Roxb，柳叶菜科丁香蓼属。

【形态特征】一年生草本，株高20 ~ 100厘米，茎直立或下部斜升，多分枝，有纵棱，淡红紫色或淡绿色，无毛或疏披短毛。叶互生，具柄，叶片披针形或长圆状披针形，长2 ~ 8厘米。宽0.4 ~ 2厘米，先端渐尖，基部契形，无毛或脉上披少数软毛，叶柄长0.3 ~ 2厘米。萼片4 ~ 6，卵状披针形或正三角形，长0.2 ~ 0.5厘米，外面无毛或略披短软毛。花瓣4，黄色，狭匙形，长0.1 ~ 0.2厘米，宽小于0.1厘米，无毛，基部有2苞片。雄蕊与萼片同数，花粉粒单一。花柱长约0.1厘米，子房密披短毛，柱头球形。蒴果线状圆柱形，5室，稀4室，长1.5 ~ 3厘米，宽约0.2厘米，褐色，稍带紫色，近无柄，成熟后室背果皮不规则开裂。种子斜嵌入于内果皮内，每室1 ~ 2行，淡褐色，近椭圆形，种脐狭，线形。

丁香蓼

【生物学特性】生于茭白田、渠边及沼泽地。种子具休眠期，萌发对温度、适度、光照要求比较严格。萌发最适温度为20 ~ 30℃，发芽水分以土壤饱和至薄水为最好，水层2 ~ 3厘米尚能萌发，10厘米以上不能萌发，干旱条件也不能萌发。萌发需要一定的光照，在土层1厘米之内能顺利出苗，1厘米以下萌发很少。秧田小苗阶段、移栽大田封行前,发生较多，秧田大苗期、移栽封行后则很少出苗。影响植株大小的因素主要是光照、土壤湿度，光照充足，生长快，土壤保水性能好、灌水充足的田块生长较好，长期干干湿湿、经常脱水的田块生长差。具有较强的再生力，在地上茎折断后，基部节上能重新长出植株。花期8～9月，果期9～10月。种子细小，蒴果开裂后落入田间，随水传播。

【防治要点】通过中耕除草、人工拔除控制其发生。

四、茭白病虫草害生态控制

茭白病虫草害生态控制策略必须坚持“预防为主，综合防治”的植保方针，树立“公共植保，绿色植保”的理念，即通过加强栽培管理措施，提高茭白对病虫害的抵御能力，改善和优化茭白田生态系统，优先采用农业防治、物理防治和生物防治，在此基础上推荐使用生物农药或高效低毒化学农药。

（一）农业栽培措施

利用一系列栽培管理技术，有目的地改变某些关键因子、控制病虫草害的发生和危害。主要措施包括不同品种间作套种、茭白与其他作物轮作、宽窄行种植、合理栽培密度、平衡施肥、中耕除草和清洁田园等措施。

1.不同品种间作

不同茭白品种的遗传多样性不同，利用遗传多样性可有效减轻作物病虫害发生。笔者在浙江省余姚市河姆渡镇进行了不同茭白品种混栽与病虫害发生的关系研究。发现河姆渡双季茭：水珍1号=3 ： 1的间作模式，能明显减轻茭白二化螟和长绿飞虱发生的数量、锈病和胡麻叶斑病的病情指数。

2.茭白田水旱轮作

茭白田轮作，指在同一块茭白田上有顺序地在不同季节或年份间轮换种植不同作物或复种组合的一种种植方式，是用地养地、控制病虫害的一种生物学措施。主要有水—水轮作（如茭白—水稻轮作）、水旱轮作（如茭白—旱生蔬菜）。其中水旱轮作一直以来被认为是克服连作障碍的最有效办法。茭白连年种植后，病虫害发生越来越严重，尤其是锈病、胡麻叶斑病等病害。目前，生产上常采用茭白连续种植2～3年后分批与水稻轮作，或者与旱生蔬菜（如长豇豆、毛豆、西瓜、松花菜、茄子等）、食用菌轮作，均能有效控制茭白田连作障碍病害。

茭白一长豇豆轮作种植模式

茭白—水稻轮作种植模式

茭白—茄子轮作种植模式

3. 宽窄行种植

在种植丛数相等的条件下，采用宽窄行栽培对茭白锈病有较好控制作用，生产实际中，以宽行100 ~ 120厘米，窄行60 ~ 80厘米种植为宜。

宽窄行种植可减轻茭白病害发生

4. 合理种植密植

不同种植密度对茭白锈病发生有明显影响。调查结果表明，单季茭白随着种植密度减小，发病初见期推迟，病情减轻。每亩种植1 000丛、1 500丛处理区锈病发生迟，病情轻，控病效果好，其中以种植1 000丛处理的控病效果最好。

5. 中耕除草，清洁田园

在茭白生长期间，及时清除病叶、黄叶和杂草，减少害虫产卵场所和病源基数；及时剥除茭白虫蛀株可减少害虫数量，并把病老叶、虫伤株带出茭白田，集中处理，可明显减轻病虫害发生。

中耕除草，清洁田园

（二）物理诱杀防治

利用各种物理因素和机械设备防治病虫，如灯光诱杀、昆虫性信息素诱杀、色板诱杀、糖酒醋液诱杀、引诱物诱集、植物诱杀和防虫网隔离害虫技术等。

1. 杀虫灯

主要是利用光、波等诱杀害虫。目前多用频振式杀虫灯进行诱杀害虫成虫。频振式杀虫灯是利用害虫趋光、趋波、趋色等特性，选用对害虫有极强诱杀作用的光源与波长、波段引诱害虫，并通过频振高压电网杀死害虫的一种先进使用工具。研究表明，频振式杀虫灯可诱杀87科、1 287种主要农林害虫。由于频振式杀虫灯选用了避天敌趋性的光源和波长、波段，因此对天敌和益虫杀伤作用相对较小。

利用频振式杀虫灯诱杀害虫

应用技术：频振式杀虫灯的电源

电压要求220伏左右，安装时按单灯辐射半径800 ～ 1 000米掌握控制面积，每台杀虫灯可控制面积3 ～ 3.5公顷，采用井字形或之字形排列布局，灯与灯之间距离约200米左右，灯离地面1.2 ～ 1.5米高（虫袋口）。一般每年4月上旬至10月上旬，每天傍晚7时开灯，次日清晨6时关灯，每晚开灯约11小时，雨天一般不开灯。开灯诱虫期间，每隔2 ～ 3天清理一次虫袋和灯具，诱虫高峰期要求每天清理一次，清理工作均在早晨关灯后进行。

2. 昆虫性信息素

昆虫性诱剂又名昆虫性信息素，是生物之间起化学通信作用的化合物的统称，是昆虫交流的化学分子语言。利用性诱剂防治害

利用二化螟性信息素诱杀二化螟成虫

虫，具有选择性高、无抗药性、有效期长和环保等优点。目前应用较多的是二化螟性诱剂。具体操作技术如下：

（1）诱捕器安装：诱捕器包括诱芯和绿色塑料盆（以直径15厘米左右较好），盆口正上方串制诱芯1枚，盆内加0.2%肥皂水液，诱芯离盆内水面约1厘米为宜。诱捕器悬挂在竹竿或钢棚架子上，距离茭白植株顶部10 ～ 20厘米，平行或对角线安放。随着茭白的生长需要人工升高诱捕器。

（2）放置密度：每亩放置1 ～ 2个诱捕器可取得较好防治效果，两个诱捕器之间大田距离设置为30米左右。

（3）放置时间：根据海拔温度不同，一般夏茭及春栽类型茭白4月上旬放置，秋栽类型茭白成活返青后即可放置，9月底可回收。在每代二化螟成虫（蛾子）发生期放置二化螟诱捕器，诱芯有效期30 ～ 45天。

（4）注意事项：诱芯（性信息素）产品易挥发，未用的诱芯需要存放在较低温度冰箱中（–15 ～ –5℃），保存处应远离高温环境，诱芯应避免暴晒。

3. 黄色粘虫板

利用害虫对颜色的趋性进行诱集，粘板上的黏液对害虫进行诱杀，其中黄色诱虫板诱杀技术应用最广泛，对小型昆虫如长绿飞虱、蓟马等的诱杀效果显著。通常多用于大棚茭白害虫的防治，也可用于露地。大棚茭白田的具体使用方法：用铁丝做成S形钩子，上端挂住大棚骨架，下端挂住黄色诱虫板。大棚内每20 ～ 30米^{2}悬挂一片诱虫板。露地茭白田的具体使用方法：把黄色粘虫板固定在毛竹竿或木棍的上部，等距离插入茭白田，每隔5米间距挂一张粘虫板。也可事先在茭白田拉好绳子，再在绳子上悬挂粘虫板，每隔5米间距挂一张粘虫板。悬挂黄色粘虫板一般高于茭白植株顶部10 ～ 20厘米为宜，以后诱虫板随植株生长而升高。悬挂时间一般在害虫成虫发生时期，诱杀效果好。

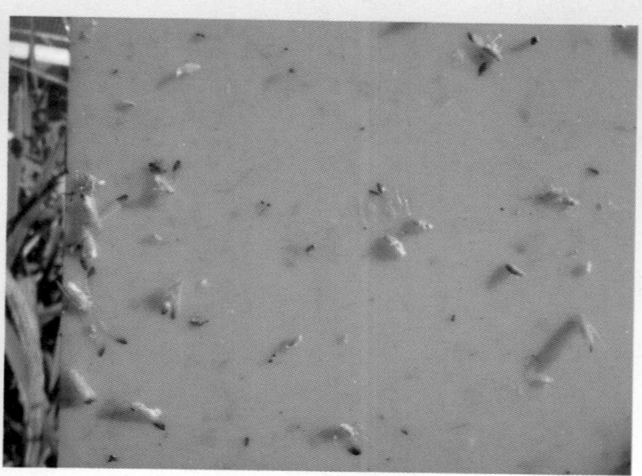

利用黄色粘虫板诱杀长绿飞虱、蓟马成虫

4.糖醋液

先将红糖、酒、醋、水按一定比例配成糖酒醋液，再加入杀虫剂拌匀，浇到麦麸或糠麸上进行诱杀。如在二化螟、大螟成虫（蛾子）发生期用糖酒醋液（红糖3份、酒1份、醋4份、水2份），另加0.1%敌百虫或辛硫磷，放在田间诱杀。每亩均匀放置4个糖醋液诱捕器。

5.引诱物

利用福寿螺产卵场所分布在茭白田的任何植被、田埂和物体上的特性，可以在茭白田中按每亩均匀插50～80根毛竹桩（竿）诱集福寿螺成螺产卵，很容易诱集到卵块，集中销毁，以减少福寿螺种群繁殖基数。

毛竹桩诱集福寿螺产卵

也可在茭白田四周或中间放一些引诱物如芋头、香蕉、木瓜等农产品诱集福寿螺，集中销毁，以减少福寿螺种群基数。

芋头、香蕉、木瓜等农产品诱集福寿螺

6.诱集（杀）植物

浙江省农业科学院植物保护与微生物研究所的研究表明，种植在茭白田边的苏丹草（*Sorghum sudanense*）、香根草（*Vetieria zizanioides*）等植物能引诱二化螟雌成虫产卵，但其幼虫不能完成生活史，达到减少茭白二化螟种群的目的。利用香根草和苏丹草这一特性来抑制茭白田二化螟种群，具体方法：在茭白田四周或田埂上种植香根草或苏丹草，苏丹草、香根草的丛间密度为30 ~ 50厘米，肥水管理按正常进行。

香根草

苏丹草

田埂种植香根草和芝麻诱集二化螟成虫产卵和寄生性天敌

7. 大棚防虫网隔离

防虫网是一种新型覆盖材料，采用聚乙烯（PE）为原料，经拉丝织造而成，具有抗拉强度大，抗紫外线、抗热、耐水、耐老化等性能，无毒无味，使用寿命3 ～ 5年。有防虫、抗灾、避光降温等作用。我国在生产上多使用40 ～ 60目，丝径14 ～ 18毫米，幅宽1 ～ 1.5米的白色防虫网。目前在茭白大棚栽培设施中已推广应用白色防虫网。

大棚用尼龙防虫网隔离害虫

（三）生物控制方法

利用自然和人为生防因子来控制茭白病虫草害。茭白害虫存在多种天敌，如长绿飞虱有多种卵寄生蜂，螟虫有多种捕食性天敌如蜘蛛，对上述害虫的发生起到了有效控制作用。因此，采取多种有效技术保护和利用天敌，如卵寄生蜂（稻虱缨小蜂、稻螟赤眼蜂）、蜘蛛、青蛙等来控制害虫种群，是非常有价值的控制技术。人为在茭白中增加生防因子的作用更加明显，如茭白田养鸭、养鱼控制病虫草害，茭白田养中华鳖控制福寿螺以及释放二化螟卵寄生蜂（如螟黄赤眼蜂）控制二化螟种群等技术措施，对控制有害生物（害虫、杂草）特别有效，还可提高茭农收入。

1.茭白田养鸭

茭白田养鸭可除草，同时能显著减轻茭白病虫草害发生，又能达到茭白和鸭子双丰收。具体套养方法如下：

（1）放鸭前准备：用围网和网桩将茭白田块围住，围网使用防虫网或网眼较小的渔网，木桩或竹桩高度1.2 ~ 1.5米。为防止强光和暴雨，也便于喂食，在每小区茭白田的角上修建一个简易鸭棚，以供鸭休息、补饲、避护。

茭白田放养鸭子

养鸭茭田（上）、未养鸭茭田（下）

（2）放鸭种类和密度：选择体形较大、生长快、抗逆能力强的肉用型杂交番鸭、绍兴麻鸭、四川麻鸭、仙桃麻鸭，每亩放养12～15羽，鸭龄20天左右。

（3）放养时间：放养前在室内准备健壮的雏鸭。茭白分蘖初期不宜放养，否则茭白幼苗易受鸭子取食，影响茭苗正常生长。一般在移栽后一个月开始放鸭，直至茭白植株半数以上孕茭为止，要及时将鸭子赶出茭白田外，进入饲养棚，白天在空地上圈养，晚上赶入舍内。此时可喂养水葫芦等杂草，以保持鸭子原有的野味。

2.茭白田养鱼

茭白田养鱼可除草，减轻病虫害发生，又可肥田，促进茭白生长。具体套养方法如下：

（1）茭田准备：茭田养鱼必须选择利于防洪、水利排灌和光照条件好、土层深厚肥沃的黏壤或中壤土田块。开春后开挖鱼坑和鱼沟。鱼坑开挖时间为去冬今春和茭白移栽结束。根据

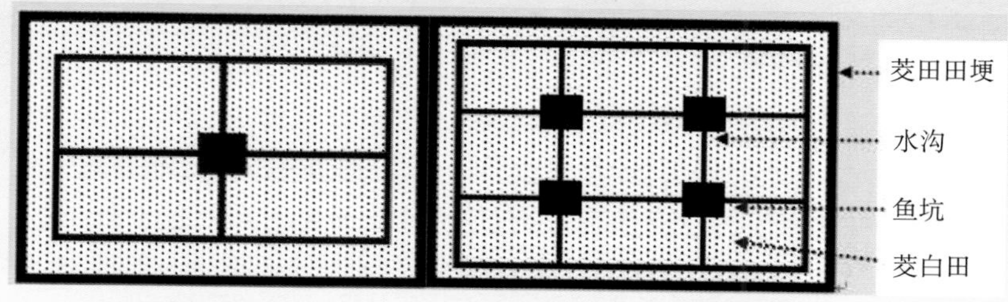

茭白田鱼坑和十字形（左）、井字形（右）养殖沟

田块面积大小，开挖几个鱼坑，每亩开挖两个长2米、宽和深各1米的鱼坑。开挖位置选择在田块中部或进水口处，鱼坑的其中一边靠近田埂，以便于投喂和管理。鱼坑开挖形状可为正方形、长方形、椭圆形等。鱼沟是鱼坑的配套设施，是鱼体从鱼坑进入大田的通道，宽50 ～ 60厘米，深30厘米左右，小田块最少开一条纵沟，连接鱼坑；大田块可挖十字、井子、丰字沟，沟与坑相通，在移栽茭白前开挖好。种植茭白养鱼田块的田埂必须加高加厚，在进排水口安装网栏设施，以防汛期溢水逃鱼。开挖鱼坑的土方正好用于加高加厚田埂，田埂高度为80厘米以上，上宽40厘米。

（2）放养鱼苗种类和数量：在3月下旬根据茭白田水源和面积情况确定养殖模式。一般以鲤鱼、鲫鱼和草鱼为主，可投放体长13 ～ 16厘米的鲤鱼鱼苗600尾、草鱼鱼苗100尾、鲢鳙鱼鱼苗各30尾。在浙江南部地区的茭田每亩投放瓯江彩鲤鱼苗350尾、草鱼50尾。具体鱼苗投放量可根据茭田的肥沃程度和茭田有害生物丰盛度来决定。以细绿萍作为辅助饲料。

（3）田间管理：①鱼苗放养前10天左右，每亩用1千克石灰配制成石灰水均匀泼洒大田，预防疾病，每隔15 ～ 20天泼一次，田水深5厘米。鱼苗在投放前用3% ～ 5%浓度盐水浸洗5分钟。②进水口宽30 ～ 40厘米，出水口宽50 ～ 60厘米，每亩设出水口3个，以防暴雨漫埂逃鱼，进出水口都需在内侧加鱼栅，孔径以能防逃鱼和流水畅通为准。③经常检查田埂有无漏洞、鱼栅有无损失、鱼摄食和天敌危害、田水质是否缺氧等。④不施或少施农药，但施药时畦面应保持3厘米左右水层；施肥时应保持鱼沟有水，两天后再灌水。只要做好鱼沟和鱼坑，保证终年有水，就能解决茭田鱼的一生需水。⑤适时捕捞，在放养4 ~ 6个月即可捕获田鱼。

茭白田边的鱼坑

茭白田套养鲤鱼

3.茭白田养鳖

茭白田套养甲鱼（中华鳖）控害试验区

茭白田套养中华鳖，通过中华鳖捕食福寿螺，既可有效控制福寿螺危害，又有利于茭白充分吸收中华鳖的排泄物，促进生长，达到茭白和中华鳖双丰收。具体套养方法如下：

茭白田中的中华鳖

（1）茭白田准备：中华鳖放养前，面积较小的茭白田，在田块四周开沟；面积较大的茭白田，除在四周开边沟外，在田块中再挖一条十字形中间沟，边沟浅、窄，中间沟深、宽，边沟宽70 ~ 80厘米，深40 ~ 50厘米，中间沟宽120 ~ 150厘米，深50 ~ 60厘米。田边设置饵料台，以补充饲料（如小鱼、泥鳅等动物尸体）。饵料台安置在茭白田四周，并与水面呈30° ~ 45°斜坡，田中央每隔8 ~ 10米堆一个土墩，要有一定坡度，便于中华鳖上岸活动。田块四周用钙塑板、石棉瓦等材料围成防逃墙，上端高出田埂0.8米，下端埋入泥中0.3米，并用木桩固定，或者直接用水泥墙围成防逃墙，顶部压沿内伸15厘米，围墙和压沿内壁涂抹光滑；茭白田进出水口建两道防逃栅，必须用铁丝网或塑料网做护栏。

放养中华鳖（上）和未放养中华鳖（下）的茭白田控制福寿螺效果比较

(2) 放养规格、时间和数量：根据试验结果，中华鳖要求在200～250克/只，大小要均匀。放养前7～14天，每亩茭白田用8～10千克生石灰进行消毒，中华鳖用0.01％高锰酸钾或3%盐水浸泡消毒5～10分钟，茭白移栽成活后开始放养中华鳖，在福寿螺发生严重的田块，每亩放养50～60只，在福寿螺发生一般田块，每亩放养30～40只，直至茭白采收结束。

(3) 田间管理：套养田以茭白专用肥、复合肥、尿素为主，尽量少施碳铵，确保中华鳖健康生长。水质水温对中华鳖影响大，注意控制水位（但任何时候灌水深度不能超过茭白眼），调节水温，及时补充活饲料，不用或少用农药。套养田中适当放些浮萍，既可净化水质，增加水体溶氧量，减少换水量，还能为中华鳖提供隐蔽场所，减少相互撕咬。

4.茭白田释放寄生蜂

茭白田释放二化螟卵寄生蜂可明显减轻二化螟危害。具体方法：在茭白不同生长时期，根据二化螟发生规律，每代二化螟产卵高峰期释放稻螟赤眼蜂等卵寄生蜂，每亩每次释放80万～100万头蜂左右，对二化螟有一定控制效果。但要注意在放蜂期间禁止使用一切农药。

茭白田释放寄生蜂

（四）保护和利用天敌

茭白害虫长绿飞虱、螟虫等天敌较多，自然控制作用明显。

长绿飞虱的寄生性天敌主要有稻虱缨小蜂、蔗虱缨小蜂，二化螟卵期天敌主要有稻螟赤眼蜂，幼虫期有螟黄足绒茧蜂、二化螟绒

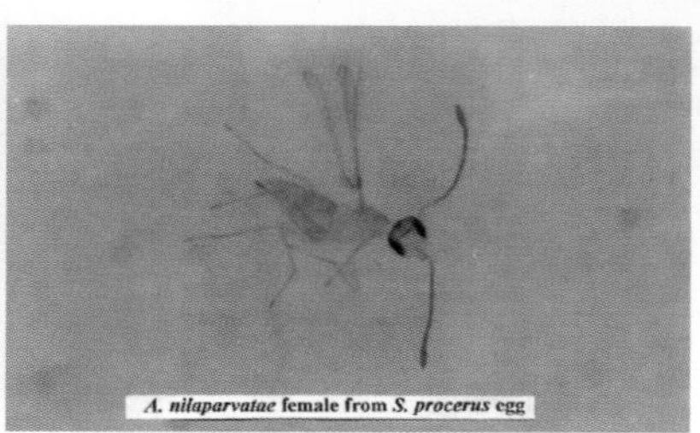

卵寄生蜂——稻虱缨小蜂

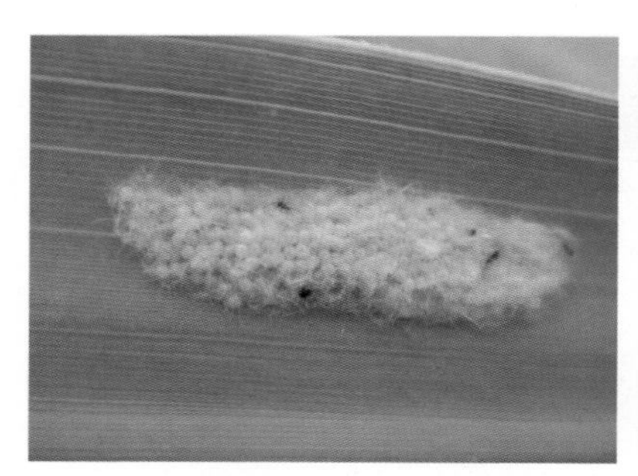

卵寄生蜂——稻螟赤眼蜂

幼虫寄生蜂——二化螟绒茧蜂茧

幼虫寄生蜂——二化螟绒茧蜂

茧蜂、螟甲腹茧蜂等。茭白田捕食性天敌主要有各种蜘蛛和青蛙，这些天敌对茭白害虫的发生发展起到有效控制作用。

研究明确了非稻田生境中的植物蜜源和替换寄主（尤其是花期较长的大豆和芝麻以及其他禾本科植物）是茭白田卵寄生蜂的替代食物，可以明显提高茭白田卵寄生蜂的寿命和寄生率。因此，采取多种有效措施（如田埂上种豆、种芝麻）保护和利用天敌，是非常有价值的生态控制技术。

茭白田捕食性天敌

田埂种芝麻引诱天敌

田埂种大豆引诱天敌

（五）药剂防治

在农业防治、物理防治和生物防治无法控制病虫害发生时，推荐使用生物农药或高效安全化学农药，按照农业部《农作物病虫害专业化统防统治管理办法》进行统一防治。所谓病虫害专业化统防统治，是指具备相应植物保护专业技术和设备的服务组织，开展社会化、规模化、集约化农作物病虫害防治服务的行为。与传统防治方式相比，专业化统防统治具有技术集成度高、装备比较先进、防控效果好、防治成本低等优势，能有效控制病虫害暴发成灾。这里特别强调，专业化统防统治并不是统一组织打农药，更不是只打化学农药。评价专业化统防统治的成效，不仅要看防治效果，还要看采取的方式方法是否对保障农产品质量安全和生态环境有效。实施专业化统防统治应有三个显著标志：一是重大病虫的防控能力要有明显提升，切实减轻灾害损失；二是病虫害防控水平要有明显提升，切实提高防治效果、效益和效率；三是绿色防控技术的普及率

茭白病虫害统防统治现场

要有明显提升，切实降低农药的使用量。全程承包防治是提高病虫防治效果、降低农药使用风险的有效方式，是统防统治发展方向。要通过创新服务机制、规范承包合同管理，推行农药等主要防控投入品的统购、统供、统配、统施“四统一”模式，优先扶持贯穿农作物生长全过程的专业化统防统治服务。

用药适期，害虫在幼（若）虫孵化高峰期或低龄期，病害在发病初期，喷雾防治，但在茭白孕茭期慎用杀菌剂。严格按照农药产品标签说明使用，包括用药时期、用药剂量、施用方法、使用范围、注意事项和安全间隔期等。改进施药技术，不同类型农药品种交替使用，严格遵守使用次数。选用药剂如下：

（1）防治二化螟、大螟：氯虫苯甲酰胺、氯虫•噻虫嗪、杀虫双撒滴剂、雷公藤根皮提取物、夹竹桃叶提取物、银杏叶提取物等。

（2）防治长绿飞虱、灰飞虱、白背飞虱、蓟马、黑尾叶蝉、蚜虫等：噻嗪酮、噻虫嗪、毒死蜱、啶虫脒、氯虫•噻虫嗪、噻嗪酮+啶虫脒（2 ： 1）混配剂等。

（3）福寿螺：茶籽饼、四聚乙醛、印楝素、夹竹桃叶提取物。

（4）防治锈病：烯唑醇、苯醚甲环唑、吡唑醚菌酯、腈菌唑、苯甲•丙环唑。

（5）防治胡麻叶斑病：吡唑醚菌酯、多菌灵、异菌脲、苯甲•丙环唑。

（6）防治纹枯病：井冈霉素、噻氟菌胺。

上述药剂的特性、使用方法详见第7章。

（六）生态控制技术集成模式

根据茭白的生长特性和有害生物的发生规律，茭白病虫害的控制技术坚持“预防为主，综合防治”的植保方针，即通过加强栽培管理措施，提高茭白对病虫害的抵御能力。改善和优化茭白田生态系统，优先采用农业防治（不同品种间作、加强健身栽培、与非禾本科作物轮作、设置拦截网等）、物理防治（频振式杀虫灯、性引诱剂、诱集产卵等）、生物防治（包括茭－鳖（鱼）、茭－鸭除虫和除草的生产模式等）、推荐使用生物农药或高效低毒化学农药（包括田间应用技术，茭白叶鞘部位施药防治螟虫等新技术和新方法的推广应用），将茭白有害生物的危害损失控制在经济阈值以下，使茭白产品中有害物质、农药残留不超标，真正实现茭白的安全生产。

生态控制技术集成模式如下图：

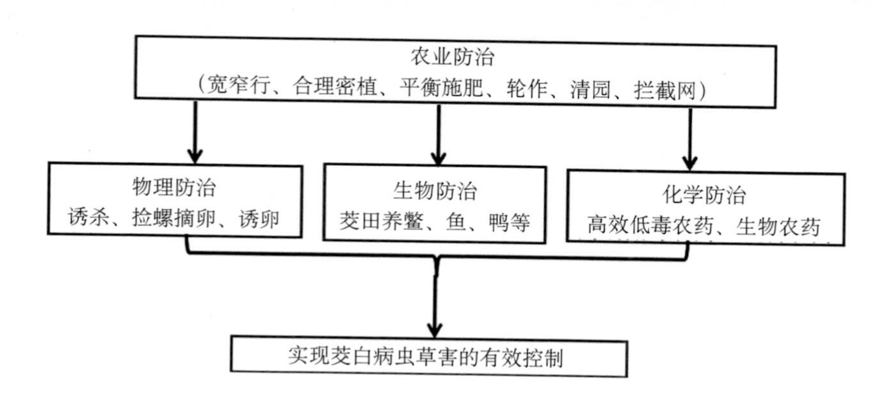

茭白病虫草害的控制通常采用多种方法综合治理。不同茭白产区，病虫草害发生种类不同，采取的生态调节模式有所差异，如在浙江省余姚市茭白产区，茭白有害生物主要有二化螟、长绿飞虱、福寿螺、锈病等，采用“进出水口设置拦截网＋茭田养鸭（鳖）＋物理诱杀（频振式杀虫灯、性信息素、杀虫植物等诱杀）＋生物农药（或高效低毒农药）＋叶鞘部位施药防治螟虫新技术”的生态控制模式。在浙江省缙云县茭白产区，茭白有害生物主要有大螟、长绿飞虱、锈病、胡麻叶斑病、纹枯病以及杂草等，采用“宽窄行栽培＋茭田养鸭（鱼、蛙）＋物理诱杀（频振式杀虫灯、性信息素等诱杀）＋生物农药（或高效低毒农药）”生态控制模式。

针对不同种类病虫草害的防治技术：

(1) 二化螟：频振式杀虫灯+性信息素+香根草诱集产卵+生物农药（或高效低毒化学农药）+茭白植株叶鞘部位施药技术

(2) 大螟：频振式杀虫灯+性信息素+生物农药（或高效低毒化学农药）

(3) 长绿飞虱、叶蝉、飞虱、蚜虫、蓟马等：频振式杀虫灯+黄色粘虫板+茭田养鸭（鱼、蛙）+生物农药（或高效低毒化学农药）

(4) 福寿螺：进出水口设置拦截网+毛竹竿诱集产卵+人工捡螺+茭田养鳖（鸭）+植物源提取物（生物农药或高效低毒化学农药）+越冬场所施药

(5) 锈病：宽窄行栽培+及时去除病老叶+与非禾本科作物轮作（如旱生蔬菜）+生物农药（或高效低毒化学农药）

(6) 胡麻叶斑病：宽窄行栽培+及时去除病老叶+与非禾本科作物轮作（如旱生蔬菜）+生物农药（或高效低毒化学农药）

(7) 纹枯病：宽窄行栽培+及时去除病老叶+与非禾本科作物轮作（如旱生蔬菜）+生物农药（或高效低毒化学农药）

(8) 杂草：茭田养鸭（或鱼）或人工拔除

五、茭白肥（药）害、冻害及补救措施

（一）茭白肥害及补救措施

茭白肥害的产生原因常与肥料种类、施肥量多少和施肥方式有关。零星小面积肥害一般与施肥不当有关，大面积连片发生的肥害通常系肥料中有毒有害物质超出茭白忍受能力所致。

1.肥害症状

（1）施肥不当（次数过多、量过大或过于集中）：①施肥不当会导致茭白植株滞长、叶片发黄、失绿、萎蔫，严重时整株死亡。肥害过程通常出现其中一种或几种症状。如过量施用尿素、硝酸钾、硫酸铵、碳酸氢铵等速效化肥，造成灼烧根系；施用大量未经腐熟的有机肥，有机肥施用过于集中或未经腐熟，因其分解发热并释放甲烷等有害气体，造成对作物种子或根系的毒害，易造成烧根；施化肥过量，或土壤过旱，施肥后引起土壤局部浓度过

施用不合格高氯复合肥后茭白植株出现的肥害症状（施后15 ~ 20天）

高，导致作物失水并呈萎蔫状态。追施量过大，根外追肥肥液浓度过高，使叶片焦灼、干枯，作追肥距根系太近易使作物产生肥害。一次施用化肥或人畜粪尿过多，或施肥时水分不足，易引起烧苗或萎蔫。②长期大量施用某种肥料导致作物营养失衡。如氮肥施用过多，还会造成植物硝酸积累，叶片变黄。硝态氮肥施用过多，易引起作物失绿缺钼。长期施肥品种不当，加深土壤酸化或碱化，因土壤溶液过高的酸、碱性而伤害作物根系。

施用过量磷酸二氢钾出现的肥害症状

施用不合格高氯复合肥后茭白植株出现的肥害症状

（2）肥料中有毒有害物质超出茭白忍受能力：这类肥料分两种情况：①有毒有害物质超出产品标准要求，属于不合格肥料或假肥；②虽然肥料符合产品标准，但其中含有已知或未知有毒有害物质超出茭白忍受能力所造成的危害，如氯离子、三氯乙醛等，导致茭白植株叶片发黄、根系发黑，严重时整株死亡。

目前已知的有毒有害物质主要有：①氯离子：使用了这类肥料，将会严重影响农作物生长；在酸性土壤中施用含氯化肥，会使土壤酸性增强，增大土壤中活性铝、铁的溶解度，加重对作物的毒害作用。②缩二脲：复合肥生产工艺中如高塔熔融喷浆造粒工艺，高温时间持续过长，可能会产生缩二脲，缩二脲会导致农作物烧苗、烧根，造成肥害。③游离酸：游离酸超标的产品可伤害植物种子和幼苗，游离酸含量高，腐蚀性强，易导致土壤板结。若含量高于5%，施入土壤后容易引起作物根系中毒腐烂。④三氯乙醛：我国曾发生过多起由于磷肥受污染而致害农作物的污染事故，如2005年浙江出现飞雁牌过磷酸钙肥害事故，全省几万亩农田经济作物受害，因施用了产品包装标识和产品指标均符合国家规定的合格磷肥造成。究其原因是由于这些磷肥生产过程中采用了受污染的废硫酸而引入三氯乙醛和三氯乙酸毒害物质，而过磷酸钙产品标准未对三氯乙醛有限制。

（3）肥料的酸碱度偏酸或偏碱、钠离子含量过高等造成肥害。

2.补救措施

（1）采用叶面喷施营养液（0.1%～0.3%磷酸二氢钾溶液）方法促进其快速恢复正常生长，但使用浓度不能超过要求，否则加重肥害。

（2）排水串灌，降低土壤中肥液浓度，快速恢复良好的土壤环境，使根系生长点尽快活跃起来，早发新根。根本措施是推广平衡施肥，增施有机肥，选择适宜的化肥品种，掌握薄肥勤施的原则。

（二）茭白药害及补救措施

茭白药害的产生原因主要是使用对茭白敏感的农药或施药不当（浓度过高、农药乱配）引起药害。如发现药害，应尽早采取应急措施补救，以降低药害造成的损失。

1. 药害症状

农药使用不当，会出现斑点、黄化、畸形、枯萎、生长停滞、不孕等症状。①斑点药害主要发生在叶片上，常见的有褐斑、黄斑、枯斑、网斑等。药斑与生理性病害斑点不同，药斑在植株上分布没有规律性，整个地块发生有轻有重。病斑通常发生普遍，植株出现症状的部位较一致。药斑与真菌性病害的斑点也不一样，药斑的大小和形状变化大，而病斑的发病中心和斑点形状比较一致。②黄化可发生在植株茎叶部位，以叶片黄化发生较多。

除草剂（草甘膦）使用后茭白植株产生的药害症状——植株矮化、发黄

引起黄化的主要原因是农药阻碍了叶绿素的正常光合作用。轻度发生表现为叶片发黄，重度发生表现为全株发黄。叶片黄化又有心叶发黄和基叶发黄之分。药害引起的黄化与营养元素缺乏引起的黄化有所区别，前者常常由黄叶变成枯叶，晴天多，黄化产生快，阴雨天多，黄化产生慢。后者常与土壤肥力有关，全地块黄苗表现一致。与病毒引起的黄化相比，后者黄叶常有碎绿状表现，且病株表现系统性症状，在田间病株与健株混生。③畸形可发生于作物茎叶和根部，常见的有卷叶、丛生、肿根、畸形穗、畸形果等。药害畸形与病毒病害畸形不同，前者发生普遍，植株上表现局部症状，后者往往零星发生，表现系统性症状，常在叶片混有碎绿明脉，皱叶等症状。④枯萎往往表现为整株枯萎，大多由除草剂引起。药害引起的枯萎与植株染病后引起的枯萎症状不同，前者没有发病中心，且大多发生过程较迟缓，先黄化，后死苗，根茎输导组织无褐变；而后者多是根茎输导组织堵塞，当阳光照射，蒸发量大时，先萎蔫，后失绿死苗，根基导管常有褐变。⑤生长停滞表现为抑制作物的正常生长，使植株生长缓慢，除草剂药害一般均有此现象，只是多少不同而已。药害引起

除草剂（百草枯）**喷到茭白植株后出现的药害症状**（药后3天）

使用除草剂后茭白植株根部出现的药害症状——根系发黑

的缓长与生理病害的发僵和缺素症比较，前者往往伴有药触或其他药害症状，而后者中毒发僵表现为根系生长差，缺素症发僵则表现为叶色发黄或暗绿。⑥不孕症是作物生殖生长期用药不当而引起的一种药害反映。药害不孕与气候因素引起的不孕二者不同，前者为全株不孕，有时虽部分结实，但混有其他药害症状；而气候引起的不孕无其他症状，也极少出现全株性不孕现象。

杀菌剂戊唑醇、己唑醇高浓度喷雾后茭白出现抽穗现象

田水干时草甘膦（推荐浓度）**喷到茭白田后出现的茭白药害症状**
（左：药后3天；右：药后7天）

田水多时草甘膦喷到茭白田后出现的茭白药害症状
（左：未施药；右：药后14天）

杀菌剂己唑醇高浓度喷雾后茭白出现畸形、茭肉蓬松现象

杀虫剂敌敌畏高浓度喷雾后茭白出现“烧叶”现象

2.补救措施

（1）喷药中和：如药害为酸性农药造成，可撒施生石灰或草木灰；药害较强的还可以用1%的漂白粉液叶面喷施。对碱性农药引起的药害，可增施硫酸铵等酸性肥料。无论何种药害，叶面喷施0.1%～0.3%磷酸二氢钾溶液或0.3%尿素液加0.2%磷酸二氢钾液、芸薹素内酯等，可显著降低药害。芸薹素内酯能迅速缓解除草剂药害，彻底分解土壤中蓄积的除草剂残留，增加后茬种植的灵活性，对病毒所造成的茎叶枯黄、植株瘦弱等病症有明显的防治效果，增加叶绿素含量、增强光合作用、叶片叶色浓绿、有光泽，提高抗病能力，高产增收。

（2）喷水淋洗：如叶面和植株喷洒后引起药害，可迅速使用大量清水喷洒受害叶面，反复喷洒2～3次。

（3）加强田间管理：对发生药害的田块应加强管理，结合浇水，增施腐熟人畜粪尿、碳铵、硝铵、尿素等速效肥料，促进根系发育和再生，恢复受害植物生理机能，促进作物健康生长，以减轻除草剂等药害对农作物的危害。

（4）排水灌水：对一些除草剂引起的药害，适当排灌可减轻药害程度。在药害初期立即更换田水，以后采用间歇排灌等措施，可缓解或减轻药害。

（5）施肥补救：对叶面药斑、叶缘枯焦或植株黄化等症状的药害，可喷施翠苗、云大120等植物生长调节剂，促进植株恢复生长能力。

（6）喷施激素：对于抑制或干扰植物生长的除草剂，在发生药害后，可喷洒赤霉素（九二〇）等激素类植物生长调节剂，缓解药害程度。

（7）科学用药：作物产生药害是不可逆转的，补救办法也都比较被动。事先选准农药品种，严格掌握使用方法和使用浓度极为重要，这是防止产生药害的根本所在。

（8）及时毁种补种：对较重药害，应在查明药害原因基础上，马上采取针对性补救措施，严重药害且无补救办法的，要抓紧时间改种、补种，弥补损失。

（三）茭白冻害及补救措施

作物冻害是指气温降至冰点以下，作物因细胞间隙结冰引起的伤害。冻害属于非侵染性病害，它是由于气候因素引起的病害。冻害发生后，若不科学补救，就会造成严重损失。

茭白苗冻害症状（上：正常；下：严重冻害）

1.冻害症状

轻者生长停滞，植株黄化，即便恢复生长，也是植株矮小、叶小，产量和品质降低；重者植株枯死。

2.补救措施

（1）追肥施药：受冻作物合理追施速效肥，既能改善作物的营养状况，又能增加细胞组织液的浓度，增强其耐寒抗冻能力，促进恢复生长。采用叶面施肥比土壤追施既省肥又见效快。可选用三元复合肥或磷酸二氢钾等。喷施要细致周到，叶片正反面都要喷到。因受冻植株抵抗力下降，易感染病害，在肥液中加入适宜杀菌剂，既有利于受冻组织恢复，也利于预防病害发生。

（2）遮阴防晒：寒流过后，一般是晴空万里的天气，阳光比较强烈。若让强烈阳光照射受冻植株，极易引起受冻组织脱水萎蔫，以至死亡。因此，太阳出来后，要在棚室外面覆盖一层遮阴物，以减弱阳光照射强度。傍晚前，把棚室覆盖严实，防止冻害再次发生。第二天中午前后的强光时段，需再适当覆盖遮阳，以后便可转入正常管理。

（3）通风：发生冻害的大棚，既不能马上升温，也不能过早通风。通风过早，会使冻害加重，升温过快会造成作物受冻细胞组织加快脱水，引起植株死亡。因此，太阳出来后，要随着棚室温度的回升，逐渐开放通风口，让棚室慢慢升温，使受冻作物有一个适应过程，经过一段时间，14时后将通风口逐渐缩小，16时前彻底关闭。这样可确保受冻组织充分吸足水分，促进细胞复活，恢复生长。

六、台风影响及补救措施

一般年份台风对茭白生产的影响不大，但2015年第9号“灿鸿”台风对浙江省茭白生产影响大，全省主要茭白产区受害程度不均。丽水地区高山茭白出现大面积倒伏，许多植株基部折断；宁波地区由于台风正面袭击，茭白根系松动，植株倾倒，大量茭白叶片被刮破、刮伤、折断；嘉兴地区单季茭白部分倒伏；绍兴地区高山茭白出现连片倒伏、平原单季茭白叶片被刮破、刮伤、折断，其他茭白产区影响相对较小。这次台风对浙江省高山茭白生长影响最大，有些田块基本绝收。为了减轻台风造成的

台风影响茭白——植株倾斜或部分被折断

台风影响茭白——植株严重倒伏

损失，根据当时茭白不同生长时期，应及时采取相应的补救措施，确保秋茭的安全生产：

（1）疏通沟渠，保持水层：台风过后，迅速排除田间过多积水，保持田间一定水层。处于拔节期的茭白，保持8～10厘米水层；处于秧苗、分蘖期的茭白，保持3～5厘米薄水层，促进茭白植株分蘖。

（2）及时扶正，冲洗污泥：对植株倒伏不严重（部分倾斜）的茭白田，通过在植株基部培土，扶正茭白植株。对种植不久的茭白植株，由于根系不深，出现的浮株、倒苗，要迅速扶正、扶实；受淹田块，在水退后立即用清水冲洗茎叶污泥。

（3）放干田水，割除叶片：对植株连片倒伏、根茎部已变软、无法扶正的茭白田，放干田水，在植株离地20厘米左右位置割去上部叶片，使植株重新抽发，虽然孕茭期会推迟，但仍有一定产量。茭白丛中有部分植株叶片折断的，应从折断处剪除叶片，使心叶不致因断叶阻挡而影响抽发。

台风影响茭白——植株大部分被折断或叶片严重撕裂（左）、倒伏植株基部腐烂（右）

（4）及时摘除枯叶黄叶：台风过后抓住晴好天气及时清理枯叶、黄叶及被折断的叶片，以利通风透光，促进茭白生长。

（5）补施追肥，促进生长：对处于拔节至孕茭期的茭白植株，受台风影响叶片刮破，增施进口三元复合肥20 ～ 30千克，也可叶面喷施0.3%尿素液+0.2%磷酸二氢钾或广增素802、稀土氨基酸等叶面肥，促进茭白植株恢复生长能力。对处于秧苗、分蘖期的植株，施一次速效肥（亩施尿素8 ～ 10千克），视茭白长势补施进口三元复合肥10 ～ 15千克。

（6）及时防治，控制病害：台风洪涝过后，高温高湿，极易造成茭白锈病和胡麻叶斑病等病害发生，应趁晴天及时进行一次病害防治（孕茭采收期的茭白田除外）。每亩可用10%苯醚甲环唑水分散粒剂2 000 ～ 2 500倍液+20%三环唑可湿性粉剂600倍液或30%苯甲·丙环唑乳油15 ～ 20毫升、72%杜邦克露700倍液喷雾防治一次。

七、茭白生产中应用的主要农药

1. 生物农药

（1）阿维菌素：别名蓝锐、虫螨杀星、虫螨光、螨虫素、爱福丁等，是一种抗生素类杀虫剂，具有高效、广谱杀虫、杀螨、杀线虫作用。对昆虫和螨类具有触杀、胃毒和微弱熏蒸作用，无内吸作用。对叶片有很强的渗透作用，可杀死表皮下的害虫，且残效期长，但不杀卵。成、若螨和昆虫接触药剂后即出现麻痹症状，不活动不取食，2 ~ 4天后死亡。因不引起昆虫迅速脱水，所以致死作用较慢。对高等动物高毒。对眼睛有轻度刺激。对鱼类有毒，对蜜蜂高毒，对鸟类低毒。在土壤中能被微生物迅速分解，无生物富集。广谱性杀虫剂，主要用于防治水稻、蔬菜、棉花、果树、茶叶等作物的鳞翅目和螨类害虫。常用剂型有0.2%、0.5%、1%可湿性粉剂，0.2%、0.3%、0.5%、0.6%、1%、1.8%、2%乳油，0.5%微乳剂，0.5%颗粒剂等。防治稻纵卷叶螟，每亩用0.2 ~ 0.4克对水40 ~ 50千克喷雾。防治蚜虫，每亩用1 ~ 2毫克/千克浓度，对水40 ~ 50 千克喷雾。防治叶螨，用1 ~ 1.5毫克/千克浓度，对水喷雾。在低龄幼（若）虫高峰期喷药，最好在卵孵化盛期施药。

注意事项：对鱼高毒，应避免污染水源。对蜜蜂有毒，不要在开花期使用。配好的药液应当日使用。不要在强阳光下施药。最后一次施药距收获期20天。

（2）井冈霉素：是一种放线菌产生的抗生素，具有较强的内吸性，易被细胞吸收并在其内迅速传导，干扰和抑制菌体细胞生长和发育，对病害具有治疗作用。对高等动物低毒，对鱼低毒。主要用于防治水稻、麦类纹枯病，对水稻稻曲病、小粒菌核病，黄瓜、豆类、棉花等立枯病也有一定防治效果。常用剂型有5%、

30%水剂，2%、3%、5%、12%、15%可湿性粉剂等。防治纹枯病，每亩用5%水剂100 ～ 150毫升或可溶性粉剂100 ～ 150克，对水60 ～ 75千克喷雾，也可用5%可湿性粉剂500 ～ 800倍液喷雾防治。

注意事项：本品可与多种杀虫剂混用。残效期10 ～ 15天，施药后4小时降雨不影响药效。不能与强碱性农药混用。应贮存于干燥阴暗处，注意防霉、防腐、防冻。不得与食物和日用品一起运输和贮存。

（3）苏云金杆菌：别名Bt乳剂、杀螟杆菌、菌药等。选用高毒力天然苏云金杆菌菌株，应用现代发酵、干燥技术精制而成的生物农药，特别适用于无公害农产品生产。杀虫谱广，能防治上百种害虫，可用于粮、棉、果、蔬菜、茶叶等作物及林木防治直翅目、鞘翅目、双翅目、膜翅目，对鳞翅目害虫特别有效。但药效作用比较缓慢。对人畜安全，对作物无药害，不伤害蜜蜂和其他益虫。对害虫主要是胃毒作用，害虫取食后由于细菌毒素的作用，很快停止取食，同时，芽孢在虫体内萌发，并大量繁殖，导致害虫死亡。主要防治水稻、蔬菜、玉米、棉、果树、茶和林区的鳞翅目害虫，残效10天左右。常用剂型有8 000 国际单位/毫克、16 000 国际单位/毫克、32 000 国际单位/毫克、100亿活芽孢/克可湿性粉剂，15 000 国际单位/毫克、16 000 国际单位/毫克水分散粒剂，2 000 国际单位/微升、4 000 国际单位/微升、8 000 国际单位/微升、100亿活芽孢/毫升悬浮剂等。防治稻苞虫、螟虫，每亩用200 ～ 300克 8 000 国际单位/毫克可湿性粉剂，对水40 ～ 50千克喷雾。

注意事项：在气温较高（20℃以上）使用效果好，常在6 ～ 9月使用为宜。对家蚕、蓖麻蚕毒性大，不可在桑园和养蚕场所使用。与少量敌百虫、敌敌畏混用有增效作用。不能与内吸性有机磷杀虫剂或杀菌剂混合使用，如乐果、甲基内吸磷、稻丰散、杀虫畏、波尔多液等。施药时间应在阴天全天或晴天傍晚。

（4）苦参碱：又名苦参，蚜满敌，苦参素，属于低毒农药。苦参碱是由中草药植物的根、茎、果实经乙醇有机溶剂提取的一种生物碱，一般为苦参总碱。其成分主要有苦参碱、氧化苦参碱等多种生物碱，以苦参碱、氧化苦参碱的含量最高。苦参碱是一种低毒的植物杀虫剂。害虫一旦触及，即麻痹神经中枢，继而使虫体蛋白质凝固，堵死虫体气孔，使害虫窒息而死。该杀虫剂对害虫具有触杀和胃毒作用，对蚜虫、叶蝉、菜青虫等害虫具有明显的防治效果。常用剂型有1%醇溶液，0.2%、0.3%水剂，0.8%内酯水剂，1.1%粉剂。一般用0.3%复方苦参碱水剂1 000 ～ 1 500倍液喷雾效果好。

注意事项：不能与碱性农药混用。存储在避光、阴凉、通风处。

（5）茶籽饼：属于低毒杀虫剂，主要成分是山茶（油茶）树的种子经榨油后的麸饼，含有13%～ 14%的皂素等生物碱，它的水浸出液具有微酸性和较强的展着力、乳化力。茶籽饼中所含的皂素对害虫以触杀作用为主，兼有胃毒作用，因而可以直接用作杀虫剂，也可作为农药助剂与化学合成农药混用，以改善化学农药药液性能，提高防治效果。该药可用于防治摇蚊、椎实螺、扁卷螺和棉花、麦、油菜、蚕豆、绿肥等作物的蜗牛和蚜虫。防治蜗牛，每亩用4 ～ 5千克茶籽饼浸出液，加水至50 ～ 60升喷雾，也可用4 ～ 5千克茶籽饼捣碎成粉末，加适量细糠，在早晨有露水的作物上撒施，兼有施肥作用。防治摇蚊、椎实螺，每亩用3 ～ 4千克，粉碎后拌适量细土，撒施，也可用4 ～ 5千克茶籽饼浸出液，加水至50 ～ 60升喷雾。

（6）春雷霉素：别名春日霉素、加收米、开斯明、KSM。是农用抗生素，为放线菌产生的代谢产物，具有较强的内吸性。该药主要干扰氨基酸的代谢酯酶系统，从而影响蛋白质的合成，抑制菌丝伸长和造成细胞颗粒化，但对孢子萌发无影响。兼有治疗和预防作用。对高等动物和鸟类低毒，对水生生物安全，对鱼虾低毒，对蜜蜂有一定毒害。主要用于防治稻瘟病，对番茄叶霉病、黄瓜枯萎病、角斑病等也有较好防效。常用剂型有2%水剂，2%、4%、6%可湿性粉剂。防治稻瘟病，每亩用2%水剂75 ～ 100毫升或4%可湿性粉剂37 ～ 50克对水50千克喷雾，隔7 ～ 10天喷洒一次，连喷2 ～ 3次。

注意事项：该药施药后8小时内遇雨要补施，不能与碱性农药混用。对藕、大豆、葡萄、柑橘等有轻微药害，对菜豆、豌豆敏感，使用时要慎重。应随配随用，以防霉菌污染变质失效。贮藏时间不能过久，以免降低药效。

（7）硫酸链霉素：属低毒杀菌剂，对许多革兰氏染色阴性或阳性细菌有效，有内吸作用，可防治多种作物的细菌性病害，对一些真菌病害也有一定的防治作用。可防治梨树火疫病、烟草野火病、蓝莓病、白菜软腐病、番茄细菌性斑腐病和晚疫病等。常用剂型有7%、15%、20%可湿性粉剂，0.1%、8.5%粉剂。防治软腐病、白叶枯病等细菌性病害，每亩用72%农用链霉素可湿性粉剂15 ～ 30克对水50千克均匀喷雾，于发病初期开始，隔7 ～ 10天喷洒一次，连喷2 ～ 3次。

注意事项：不能与碱性农药或碱性水溶液混用。不能与杀虫杆菌、青虫菌、7210等生物农药混用。使用浓度一般不超过220毫克/升，以免产生药害。喷药8小时内降雨应补施。低温下比较稳定，高温下长时间存放及碱性条件下易分解失效。

（8）新植霉素：又名新植、链霉素•土。为链霉素和土霉素的混剂，碱性溶液中易失效，对多种细菌病害有特效，兼具治疗和保护双重作用。本剂为低毒杀菌剂，对家兔眼睛、皮肤无刺激性，对人、畜和环境安全。常用制剂为90%可湿性粉剂。是防治各种细菌性病害的有效药剂，每亩用90%新植霉素可湿性粉剂11 ～ 15克，于作物定株后开始用药，每隔7 ～ 10天用一次。本品在发病前或发病初期使用效果最佳。防治软腐病、白叶枯病等细菌性病害，每亩用90%新植霉素可湿性粉剂12克，对水50千克喷雾。

注意事项：喷药时应将叶片正反面均匀分布，不漏喷。不能与碱性农药混用，可与酸性农药混用，现配现用。贮存在干燥、通风处、防潮防湿。

（9）中生霉素：又名克菌康、农抗751。为N-糖苷类抗生素。抗菌谱广，抗革兰氏阳性及阴性细菌、分枝杆菌、酵母菌及丝状真菌。主要通过抑制细菌的菌体蛋白质合成和使真菌菌丝畸形，从而抑制孢子萌发和杀死孢子。对水稻白叶枯病菌、蔬菜软腐病菌、黄瓜角斑病菌、小麦赤霉病菌等均具有明显的抗菌活性。常用剂型为1%、3%水剂，3%可湿性粉剂。防治软腐病、白叶枯病等细菌性病害，每亩用3%中生霉素可湿性粉剂600 ～ 800倍液喷雾。

注意事项：本品不可与碱性农药混用。预防和发病初期用药效果显著，施药应均匀、周到，如施药后遇雨应补施。贮存在阴凉、避光处。

2.化学农药

（1）氯虫苯甲酰胺：又名康宽，属于邻酰胺基苯甲酰胺类杀虫剂，具有新颖的作用机理，是一个广谱性的杀虫剂。对皮肤无刺激性，对眼睛有轻微刺激，72小时内消除。主要通过与害虫肌肉细胞的鱼尼丁受体结合，导致受体通道非正常时间开放，钙离子从钙库中无限制地释放到细胞质中，致使害虫瘫痪死亡。对鳞翅目的害虫幼虫活性高，用药后使害虫迅速停止取食，对作物保护作用好。耐雨水冲刷，渗透性强，持效期可达到15天以上。原药和制剂在我国毒性分级标准中均为微毒，对施药人员安全，对稻田有益，对昆虫、鱼、虾也安全。对农产品无残留影响。对鱼、虾、蟹安全，但对家蚕毒性大。杀虫谱较广。主要用于防治卷叶螟、二化螟、三化螟、大螟等鳞翅目害虫。对稻瘿蚊、稻象甲、稻水象甲也有较好防治效果。常用剂型有5%、20%悬浮剂，35%水分散粒剂。防治二化螟、三化螟，在卵孵化高峰期对水稻叶鞘部位施药，每亩用20%氯虫苯甲酰胺悬浮剂5 ～ 10毫升，对水均匀喷雾，也可用20%氯虫苯甲酰胺悬浮剂3 000 ～ 4 000倍液喷雾防治。

注意事项：对家蚕毒性大，施药时防止污染桑叶。每季水稻使用不要超过两次。

（2）氯虫·噻虫嗪：又名福戈，是第一代高效、广谱复配杀虫剂，有氯虫苯甲酰胺和噻虫嗪复配而成，不仅具备单剂的特点，而且扩大了杀虫谱，具有明显的增效作用。内吸作用强，对害虫以胃毒作用为主。并有促进水稻生长的作用。对人、畜毒性低，对环境友好，对稻田捕食性天敌杀伤较好，对作物安全。可防治各种鳞翅目（二化螟、稻纵卷叶螟、大螟等）和同翅目（飞虱、叶蝉）害虫。常用剂型有40%水分散粒剂。防治二化螟、三化螟，每亩用40%氯虫·噻虫嗪水分散粒剂8 ～ 10克，对水30 ～ 45千克，均匀喷雾。

注意事项：不宜单独用于防治稻飞虱。防治二化螟时田间应有水。避免在低于−10℃和高于35℃条件下贮存。

（3）噻嗪酮：又名优得乐、扑虱灵、稻虱净、灭幼酮。是昆虫生长调节剂类新型选择杀虫剂。对害虫有较强触杀作用，也有胃毒作用。对卵孵化有一定抑制作用，但不能直接杀死成虫。一般施药后3 ～ 7天才能看出效果，对成虫没有直接杀伤力，但可缩短其寿命，减少产卵量，并且产出的多是不育卵，幼虫即使孵化也很快死亡。药效期长达30天以上。对天敌较安全，综合效应好。对高等动物低毒。对眼睛和皮肤有极轻微刺激作用。多鸟类及鱼类毒性低，对蜜蜂安全，对多种天敌昆虫无影响。在水土中保持活性约20 ～ 30天。对同翅目飞虱、叶蝉、粉虱及介壳类害虫有良好防治效果，对鞘翅目、蜱螨目具有持效杀幼虫活性，药效期长达30天以上。常用剂型有20%、25%、65%可湿性粉剂，25%乳油，40%胶悬剂，8%展膜油剂。防治飞虱、叶蝉，每亩用25%可湿性粉剂50 ～ 75克，对水40 ～ 50千克，也可用25%可湿性粉剂1 500 ～ 2 000倍液，在飞虱低龄若虫高峰期喷雾。

注意事项：施药时田间应保持3～5厘米水层，药后保水，让其自然落干。药液不宜直接接触白菜、萝卜，否则将出现褐斑及绿叶白化等药害。不可用毒土法施药。

（4）噻虫嗪：又名阿克泰、快胜。是一种高效内吸性广谱杀虫剂，具有胃毒和触杀作用，作用速度、持效期长，对刺吸式口器有较好防治作用，是第二代新型烟碱类杀虫剂。主要作用于昆虫烟碱基乙酰胆碱受体，干扰害虫运动神经系统。属低毒杀虫剂。对兔的眼睛和皮肤均无刺激。无致畸、致突变及致癌作用。对人、畜、天敌和有益昆虫毒性低，对环境安全。对蜜蜂有毒。主要用于防治水稻、小麦、棉花、果树、蔬菜等作物上的各种刺吸式口器害虫（蚜虫、飞虱、粉虱），且有特效，对马铃薯甲虫也有较好的防治效果。常用剂型有25%水分散粒剂、50%水分散粒剂、70%种子处理可分散粒剂。防治飞虱，每亩用25%可湿性粉剂1.6～3.2克，对水50千克，在飞虱低龄若虫高峰期喷雾。防治蚜虫，每亩用25%可湿性粉剂4～5克，对水50千克喷雾。防治蓟马，每亩用25%可湿性粉剂13～26克，对水50千克，也可用25%可湿性粉剂2 000～3 000倍液喷雾防治。

注意事项：噻虫嗪对飞虱速效性较差，当田间虫量大时，应与速效性药剂混用。尽管噻虫嗪低毒，但在施药时应遵照安全使用农药守则。避免在低于-10℃和高于35℃条件下贮存。对蜜蜂有毒。

（5）苯甲·丙环唑：又名爱苗、富苗。属于三唑类杀菌剂，是一种广谱性内吸治疗性杀菌剂。其主要成分是15%苯醚甲环唑和15%丙环唑复配而成，兼有强内吸性和持效性的特点，可被茎叶吸收，并迅速向植物上部传导。杀菌谱广，对子囊菌亚门、担子菌亚门等病原菌有持久的防治活性。对水稻的多种真菌性病害有很好效果，且能增强水稻的抗逆性，增加水稻结实率和增产潜力，提高水稻产量。对高等动物低毒，对兔皮肤和眼睛无刺激作用。对蜜蜂无毒。对纹枯病、叶鞘腐败病、胡麻叶斑病等真菌性病害有较好防治效果。常用剂型有30%乳油。防治纹枯病，每亩用30%乳油15 ~ 20毫升，对水50千克，在纹枯病发生初期喷雾。

注意事项：不要与有机磷农药混用。喷施要均匀，建议使用喷雾器，喷足水量。如用于防治纹枯病，应在发病初期喷施一次，发病重田块再喷一次。

(6) 噻氟菌胺：又名满穗，属于琥珀酸酯脱氢酶抑制剂，即在真菌三羧酸循环中抑制琥珀酸酯脱氢酶合成。可防治多种植物病害，特别是担子菌丝核菌属真菌所引起的病害，同时具有很强的内吸传导性。低毒，无致畸、致突变、致癌作用，对作物安全，无药害。具有广谱杀菌活性，适用于水稻等禾谷类作物，以及其他大田作物如花生、棉花，甜菜、马铃薯，草坪等。叶面喷雾可有效防治丝核菌、锈菌和白绢病菌引起的病害。对藻状菌类没有活性。常用剂型有23%乳油。防治纹枯病，每亩用23%乳油15 ~ 25毫升，对水40 ~ 50千克喷雾。

注意事项：对由叶部病原物引起的病害如花生褐斑病和黑斑病等，效果不好。

(7) 三环唑：又名克瘟灵、克瘟唑、比艳、稻艳、丰登。内吸、高选择性杀菌剂。对稻瘟病有特效。内吸性强，易被水稻根、茎、叶吸收，并在植株体内传导。其作用机理是抑制孢子萌发和附着胞的形成，从而有效阻止病菌侵入和病菌孢子产生。能抑制稻瘟菌孢子萌发后长出的附着孢产生黑色素，从而抑制病菌入侵。对高等动物中等毒性，对兔眼和皮肤有轻微刺激作用，对水生生物、蜜蜂和蜘蛛毒性低。在实验条件下未见致突变、致畸和致癌作用。三环唑系保护性杀菌剂，应在病害发生前使用。常用剂型有5%、25%、40%、75%可湿性粉剂，30%悬浮剂，1%、4%粉剂，20%溶胶剂。防治稻瘟病、胡麻叶斑病，每亩用20%可湿性粉剂50 ~ 75克，对水40 ~ 50千克喷雾，也可用20%可湿性粉剂600倍液喷雾。

注意事项：本品安全间隔期为21天。贮存于阴凉干燥处，勿与食物、种子、饲料及其他农药混放。对鱼有一定毒性，在池塘附近施药要注意安全。

(8) 多菌灵：又名苯并咪唑44号、多菌灵盐酸盐、防霉宝、棉萎灵。属苯并咪唑类、内吸、广谱性杀菌剂，具有内吸治疗和保护作用，明显向顶端输导。主要作用机理是干扰病菌有丝分裂中纺锤体形成，从而影响细胞分裂。对高等动物低毒。对兔眼和皮肤无刺激作用；对鱼类、蜜蜂毒性很低。能防治多种农作物的多种病害，如稻瘟病、纹枯病、小球菌核病等真菌性病害。常用剂型有25%、50%可湿性粉剂，40%超微可湿性粉剂，40%悬浮剂。防治稻瘟病、纹枯病，每亩用50%可湿性粉剂100克，加水50千克喷雾。在发病初期施药，每隔7 ~ 10天喷一次，连喷2 ~ 3次。

注意事项：不能与铜制剂混用。与杀虫剂、杀螨剂混用时要随混随用，不宜与碱性药剂混用。本品易吸潮，防止日晒雨淋，存放于阴凉干燥处；不得与种子、粮食、饲料。食品混放。

(9) 啶虫脒：又名莫比朗、吡虫氰、乙虫脒。高效新型烟碱类杀虫剂。是在硝基亚甲基（吡虫啉）类基础上合成的烟酰亚胺类杀虫剂，干扰昆虫内神经传导作用，通过与乙酰胆碱受体结合，抑制乙酰胆碱受体的活性。具有超强触杀、胃毒、强渗透作用，还有内吸性强、用量少、速效性好、持效期长等特点。对天敌杀伤小，对鱼毒性低，对蜜蜂影响小，对人、畜、植物安全，是无公害防治技术应用中的理想药剂。主要防治蔬菜、林果、茶叶、水稻等作物上的蚜虫、飞虱、叶蝉、食心虫等。常用剂型有3%、5%、10%、60%可湿性粉剂，20%可溶性粉剂，2%、3%、5%、25%乳油，20%可溶性液剂，25%、36%、40%、50%水分散粒剂，3%、5%、10%微乳剂。防治飞虱，每亩用3%乳油70 ~ 80毫升，对水40 ~ 50千克喷雾。防治蚜虫，每亩用3%乳油30 ~ 60毫升，对水50千克喷雾。

注意事项：避免与强碱性农药（如波尔多液、石硫合剂）混用，以免分解失效。避免污染桑园和鱼塘区。对桑蚕有毒，养蚕季节严防污染桑叶。应贮藏在阴凉、干燥、通风处。

（10）哒螨酮：又名哒螨灵、速螨酮、灭螨灵、扫螨净等，是一种低毒、广谱性杀虫杀螨剂。对鱼、蜜蜂毒性较高，对哺乳动物毒性中等，对天敌昆虫较安全。有较强触杀性，作用快，无内吸杀螨作用，对螨类各生育期防效较好。常用剂型有15%乳油，20%可湿性粉剂。防治叶螨，每亩用15%乳油2 000 ～ 3 000倍液喷雾。防治叶蝉、蓟马、蚜虫，用15%乳油1 000 ～ 2 000倍液喷雾。

注意事项：不能与碱性农药混合使用。没有内吸杀螨作用，故要求喷施均匀。应与其他杀螨剂交替使用，避免产生抗药性。注意操作安全，若触及皮肤，应用肥皂水冲洗。

（11）四聚乙醛：又名密达。中等毒性杀螺剂。对兔皮肤无刺激性，对眼睛有轻微刺激性，对豚鼠无致敏性，无致畸、致突变和致癌作用。对人畜中等毒性，对鱼、鸟低毒，对蜜蜂微毒。本品为胃毒剂，对福寿螺有一定诱杀作用。植物体不吸收该药，不会在植物体内积累。主要用于防治福寿螺、蜗牛和蛞蝓。常用制剂为6%颗粒剂。防治福寿螺等，每亩用6%密达颗粒剂450 ～ 600克，混合干沙土10 ～ 15千克均匀撒施，施药期间田间保持3 ～ 5厘米水层7天以上。

注意事项：贮存在阴凉干燥、儿童接触不到和远离火源的地方。如误服，立即喝3 ～ 4杯开水，但不要引吐。

（12）吡唑醚菌酯：新型广谱杀菌剂。为线粒体呼吸抑制剂，即通过在细胞色素合成中阻止电子转移。具有保护、治疗、叶片渗透传导作用。对兔眼、皮肤无刺激性，对豚鼠皮肤无过敏性，对鱼极毒，对鸟、蜜蜂、蚯蚓低毒。对黄瓜白粉病、霜霉病、香蕉黑星病、叶斑病有较好防治效果。常用剂型为25%乳油。防治锈病、胡麻叶斑病等病害，每亩用20 ～ 40毫升加水稀释后于发病初期均匀喷雾。

注意事项：本品对鱼极毒，用过的药械不得在池塘等水源或水体中洗涤，施药残液不得倒入水源或水体中。

（13）腈菌唑：属三唑类杀菌剂，是甾醇脱甲基化抑制剂。有较强内吸性，杀菌谱广，药效高，持效期长，具有预防和治疗作用，对子囊菌、担子菌、核盘菌具有较高防效，并可预防由镰刀菌、核腔菌引起的病害。主要防治蔬菜白粉病、锈病、黑星病等。对鼠、兔皮肤无刺激性，对眼睛有轻微刺激，对豚鼠皮肤无过敏现象。对动物低毒，对作物安全，持效期长。常用剂型有20%、40%可湿性粉剂，5%、6%、12%、12.5%、25%、40%乳油。防治锈病，每亩用6%腈菌唑乳油33.3 ～ 66.7毫升或12.5%腈菌唑乳油24 ～ 32毫升、5%腈菌唑乳油40 ～ 80毫升，对水喷雾，也可用20%可湿性粉剂1 500倍液喷雾。

注意事项：本品易燃，应密封贮存在阴凉干燥处、儿童接触不到的地方，不能与食物、种子、饲料一起存放或运输。对细菌、病毒无效。安全间隔期14天。

（14）异菌脲：又名扑海因、咪唑霉、异丙定、桑迪恩。属于广谱保护性杀菌剂。主要抑制真菌菌丝体生长和孢子产生，对染病植株有保护和一定的治疗作用。对高等动物低毒，对蜜蜂、鸟类和天敌安全。对葡萄孢属、链孢霉属、核盘菌属、小核菌属、灰霉菌属等有较好防效。对链格孢属、蠕孢霉属、丝核菌属、镰刀菌属等也有一定防治效果。常用制剂有50%可湿性粉剂，25%悬浮剂。防治胡麻叶斑病、锈病等，用50%可湿性粉剂600 ～ 1 000倍液喷雾，每隔14天喷一次，连喷2 ～ 3次。

注意事项：不能与碱性农药混用，以免分解失效。我国规定该药常规用量1 500倍液，最高用量为1 000倍液，不宜长期、连续多次使用。

（15）代森锰锌：又名大生、新万生。为硫代氨基甲酸酯类保护性广谱杀菌剂。主要抑制菌体内丙酮酸氧化，常与内吸性杀菌剂混配。对多种真菌病害有较好防效，主要用于防治蔬菜、果树、棉花等作物炭疽病、早疫病等多种病害。对鞭毛菌亚门疫霉病、半知菌亚门尾孢属、壳二孢属病菌有效。用于防治轮纹病、霜霉病、灰霉病等。常用剂型有50%、70%、75%、80%、84%可湿性粉剂，30%、42%、43%、75%悬浮剂，75%水分散粒剂。防治真菌病害，一般每亩用70%可湿性粉剂100 ~ 130克，对水50千克，也可用600 ~ 800倍液在发病初期均匀喷雾，每隔10天喷雾一次，连喷2 ~ 3次。

注意事项：不宜与碱性或铜制剂混用。在作物采收前2 ~ 4周停止用药。

（16）烯唑醇：是一种高效、广谱、内吸、低毒三唑类杀菌剂，脱甲基甾醇合成酶抑制剂。对谷物、果蔬以及主要经济作物由子囊菌、担子菌和半知菌引起的重要病害具有较好治疗效果。防治麦类、油料、果树、蔬菜等作物白粉病、锈病具有特效，并有优良的生长调节作用。因具有保护、治疗、铲除和内吸向顶传导作用，也常作为种子处理剂防止种传病害。对眼睛有刺激，对皮肤无刺激，对豚鼠皮肤无致敏性。常用剂型有2%、2.5%、5%、12.5%可湿性粉剂，5%、12.5%乳油，5%拌种剂。防治纹枯病，于发病初期每亩用12.5%乳油20 ~ 25毫升，对水40 ~ 50克喷雾。防治锈病，每亩用12.5%乳油2 500 ~ 3 000倍液喷雾。

注意事项：不能与碱性农药混用。使用本品应遵守农药安全使用操作规程。应贮存于阴凉、干燥、通风处和儿童接触不到的地方，不能与食物、饲料一起堆放。安全间隔期为21天。

（17）苯醚甲环唑：又名世高。属内吸广谱杀菌剂，甾醇脱甲基化抑制剂。抑制孢子囊形成，阻止病菌侵染，并具治疗作用，防止病斑扩展。对子囊菌亚门、担子菌亚门和包括链格孢属、壳二孢属、尾孢属等在内的半知菌、白粉菌、锈菌和某些种传病原菌有持久的保护和治疗活性。对多种蔬菜和果树的白粉病、轮纹病、叶斑病、锈病、炭疽病和黑星病等病害有较好的防治效果，持效期长达20天。对高等动物低毒。对鸟、蜜蜂、蚯蚓无害。常用剂型有25%乳油，30%悬浮种衣剂，10%、37%水分散粒剂，20%微乳剂。防治锈病、胡麻叶斑病，用10%水分散粒剂2 000 ~ 2 500倍液喷雾。

注意事项：对鱼及水生生物有毒。贮藏在阴凉、干燥通风的地方，避免在低于10℃和高于30℃条件下贮存。

（18）百菌清：又名克劳优、桑瓦特、大克灵等，属于广谱性杀菌剂，有保护和治疗作用，对多种作用真菌病害具有预防作用。不进入植株体内，只沉积在植株表面起保护作用，对已侵入植物体内的病菌无作用，对施药后新长出的植株部分不起到保护作用。药效稳定，残效期长。对高等动物低毒，对鱼类高毒，对皮肤、眼睛有刺激性。可用于麦类、水稻、蔬菜、果树、花生、茶叶等作物病害防治。常用剂型有75%可湿性粉剂，10%、20%、28%、45%烟剂和40%悬浮剂。一般用75%可湿性粉剂600 ~ 800倍液喷雾，每隔7 ~ 10天喷一次，连喷2 ~ 3次。

注意事项：不能与强碱农药混用。对鱼类及甲壳类动物毒性大。对梨树、柿树敏感，不可施用，高浓度对桃、梅、苹果也有药害。与克螨特、三环锡等混用，对茶叶可能产生药害。对眼睛和皮肤有刺激作用。

（19）敌磺钠：又名敌克松、地克松。是一种中等毒性杀菌剂。对人体皮肤有刺激作用。主要用于水稻、蔬菜、小麦、棉花等作物种子和土壤处理剂，也可进行叶面喷雾，属于一种保护性药剂，具有一定的内吸和渗透作用，对作物兼有生长刺激作用。对真菌中腐霉菌和丝囊菌引起的蔬菜、棉花、烟草等多种病害以及多种土传病害有特效。对蜜蜂和鱼低毒。主要抑制病菌的呼吸代谢。该药极易吸潮，在水中呈重氮离子状态而逐渐分解，光照能加速分解，同时放出氮气，生成二甲氨基苯酚。常用剂型有25%、45%、50%、75%、95%可湿性粉剂，20%分散剂，40%悬浮剂，55%膏剂。防治黑斑病，用70%可湿性粉剂250 ~ 500倍液喷雾。

注意事项：本品溶解慢，应事先用水搅拌均匀后再稀释至所需浓度。见光极易分解，宜选择阴天或傍晚时施药。不能与碱性农药和农用抗生素混用。刺激皮肤，使用时避免药剂污染皮肤。

（20）咪鲜胺：是一种咪唑类杀菌剂。高效、广谱、低毒，具有传导性，预防保护、治疗和铲除作用，抑制真菌甾醇的生物合成，对于子囊菌和半知菌所引起的病害有特效，为优良果蔬保鲜剂。用于防治水稻恶苗病、胡麻叶斑病、小麦颖枯病等。处理谷物种子可预防种传和土传病害，与萎锈灵或多菌灵混用拌种，对腥黑穗病和黑粉病有极佳防治效果。常用剂型有25%乳油，50%悬浮剂，25%、50%可湿性粉剂。防治胡麻叶斑病，用25%乳油2 000 ～ 3 000倍液喷雾。

注意事项：使用前应先摇匀再稀释，即配即用。不宜与强酸、强碱农药混用。施药时不可污染鱼塘、河道、水沟。贮存在阴凉、干燥避光处。安全间隔期10天。

（21）氟虫双酰胺•阿维菌素：由氟虫双酰胺和阿维菌素按比例混配而成。其作用机理：氟虫双酰胺激活昆虫细胞内的鱼尼丁受体，并与之结合，导致储存钙离子的失控性释放，从而导致昆虫肌肉麻痹，最后瘫痪死亡；阿维菌素干扰神经生理活动，刺激释放r-氨基丁酸，而r-氨基丁酸对节肢动物的神经传导有抑制作用。作用方式以胃毒为主，兼具触杀作用。常用剂型有10%悬浮剂。防治二化螟和稻纵卷叶螟速效性好，持效期15天以上。在害虫卵孵化高峰期施药，每亩用10%氟虫双酰胺•阿维菌素悬浮剂30毫升，对水30 ～ 45千克均匀喷雾。

注意事项：每个生长季最多施药2次，安全间隔期为28天。对部分鱼类有毒，严禁在养鱼田使用，不得将田水排入江河湖泊、水渠以及养殖水生生物的池塘，严禁在河流、湖泊、池塘和水渠中洗涤施用过本品的药械。避免喷到桑叶上或使药剂飘移到桑树上。妥善处置盛装过本品的容器，并将其置于安全场所。

（22）甲基硫菌灵：又名甲基托布津、桑菲纳。系广谱内吸性杀菌剂，具有保护和治疗作用。广泛应用于防治粮、棉、油、蔬菜、果树等作物的多种病害。对稻瘟病、纹枯病、锈病、白粉病、炭疽病、褐斑病等病害有效。主要干扰病菌菌丝形成，影响病菌细胞分裂，使细胞壁中毒，孢子萌发长出的芽管畸形，从而杀死病菌。残效期5 ～ 7天，主要用于叶面喷雾，也可用于土壤处理。水悬浮液长期贮存时或被植物吸收进入体内后，能分解成甲基苯并咪唑-2-氨基甲酸酯（多菌灵）。对高等动物低毒，对皮肤和眼睛有刺激性。常用剂型有50%、75%可湿性粉剂，40%悬浮剂。防治稻瘟病、纹枯病等，每亩用70%可湿性粉剂70 ～ 100克，加水40 ～ 50千克喷雾，隔7 ～ 10天喷一次，连喷2 ～ 3次。

注意事项：不能与铜制剂或碱性农药混用。不能与多菌灵、苯菌灵轮换使用，因为它们之间有交互抗性。贮存在阴凉、干燥处。安全间隔期为14天。

附　录

附录1　我国发布禁止和限用高毒化学农药名单

一、全面禁止生产、销售与使用的农药产品

1.国家明令禁止使用的农药

六六六（BHC），滴滴涕（DDT），毒杀芬（strobane），二溴氯丙烷（天dibromochloropropane），杀虫脒（chlordimeform），二溴乙烷（EDB），除草醚（nitrofen），艾氏剂（aldrin），狄氏剂（dieldrin），汞制剂（mercurycompounds），砷（arsenide）、铅（plumbumcompounds）类，敌枯双，氟乙酰胺（fluoroacetamide），甘氟（kliftor），毒鼠强（tetramine），氟乙酸钠（sodiumfluoroacetate），毒鼠硅（silatrane）。（中华人民共和国农业部第199号公告）

2.自2004年6月30日起，严禁销售、使用含甲胺磷（methamidophos）、甲基对硫磷（parathion-methyl）、对硫磷（parathion）、久效磷（monocrotophos）和磷胺（phosphamidon）5种高毒有机磷农药及其混配制剂。（中华人民共和国农业部第274号公告）

3.自2008年1月1日起，不得销售含有八氯二丙醚的农药产品（中华人民共和国农业部第1157号公告）；自2009年10月1日起，除卫生用、玉米等部分旱田种子包衣剂外，在我国境内停止销售和使用用于其他方面的含氟虫腈成分的农药制剂。（中华人民共和国农业部公告第747号）

4.自2011年10月31日起，停止生产含苯线磷、地虫硫磷、甲基硫环磷、磷化钙、磷化镁、磷化锌、硫线磷、蝇毒磷、治

螟磷、特丁硫磷等10种农药及其混配制剂；自2013年10月31日起，停止销售和使用。（中华人民共和国农业部第1586号公告）

二、不得在蔬菜果树茶叶中草药上使用的农药清单

1.在蔬菜（含食用菌）、果树（含瓜果）、茶叶、中草药材上禁止使用的农药产品：甲拌磷、甲基异柳磷、内吸磷、克百威（呋喃丹），涕灭威、灭线磷、硫环磷、氯唑磷、苯线磷、氧乐果、五氯酚钠、杀虫脒、三氯杀螨醇。[中华人民共和国农业部第194号、第199号公告及浙政办发（2001）34号文件]

2.在水稻上禁止使用所有拟除虫菊酯类杀虫剂及复配产品，在螟虫对杀虫双有抗性的地区控制使用杀虫双、杀虫单。[浙政办发（2001）34号文件]

3.在茶叶上禁止使用硫丹、氰戊菊酯、灭多威。（中华人民共和国农业部第199号、第1586号公告）

4.在柑橘上禁止使用水胺硫磷、灭多威。（中华人民共和国农业部第1586号公告）

5.在十字花科蔬菜上禁止使用灭多威，在草莓、黄瓜上禁止使用溴甲烷，在花生上禁止使用含丁酰肼（比久）的农药产品。（中华人民共和国农业部第274号、第1586号公告）

三、其他禁止在国内销售和使用的农药清单

1.自2015年12月31日起禁止氯磺隆、胺苯磺隆、甲磺隆、福美胂、福美甲胂在国内销售和使用；自2016年12月31日起禁止毒死蜱、三唑磷在蔬菜上使用；自2017年7月1日起禁止胺苯磺隆复配剂、甲磺隆复配剂在国内销售和使用。（中华人民共和国农业部第2032号公告）

2.自2011年6月15日起停止杀扑磷、溴甲烷、水胺硫磷新增登记证和农药生产许可证；2011年6月15日起撤销溴甲烷在苹果、

茶树上的登记；2011年6月15日起撤销水胺硫磷在柑橘树上的登记。（中华人民共和国农业部第1586号公告）

附录2 农业部行业标准NY/T 2723—2015《茭白生产技术规程》

茭白生产技术规程

1 范围

本标准规定了茭白（*Zizania latifolia*）生产的术语与定义、产地环境、品种选择、栽培技术、病虫害防治、采收、分级包装、贮藏、运输及生产档案等要求。

本标准适用于茭白生产。

2 规范性引用文件

下列文件对于本文件的应用是必不可少的。凡是注日期的引用文件，仅注日期的版本适用于本文件。凡是不注日期的引用文件，其最新版本（包括所有的修改单）适用于本文件。

GB/ T 6543 运输包装用单瓦楞纸箱和双瓦楞纸箱

GB/ T 8321（所有部分） 农药合理使用准则

GB/ T 9687 食品包装用聚乙烯成型品卫生标准

NY/ T 496 肥料合理使用准则通则

NY 525 有机肥料

NY/ T 835 茭白

NY/ T 1311 农作物种质资源鉴定技术规程 茭白

NY/ T 1655 蔬菜包装标识通用准则

NY/ T 1834 茭白等级规格

NY 5331 无公害食品 水生蔬菜产地环境条件

3 术语和定义

NY/ T 1311 界定的以及下列术语和定义适用于本文件。

3.1

茭白 water bamboo

禾本科菰属植物菰[*Zizania latifolia* (Griseb.)Turcz. ex Stapf]被菰黑粉菌（*Ustilago esculenta* P. Henn.）寄生后，其地上营养茎膨大后形成的变态肉质茎。

注：修订于NY/ T 835。

3.2

雄茭 water bamboo plant with non-swollen culm

未被菰黑粉菌寄生、不能形成茭白产品的茭白植株。

3.3

灰茭 water bamboo plant with smutted swollen culm

肉质茎冬孢子堆较多，致使品质下降丧失商品价值的茭白。

3.4

游茭 water bamboo rhizomatous plant

茭白根状茎上生出的植株。

3.5

有效分蘖 effective tiller

由茎基部侧芽节间萌发生长出的能够形成正常商品茭白的植株。

3.6

种墩 stock cluster

留种繁殖用的茎丛。

注：又叫母墩。

3.7

叶枕 pulvinus

叶片与叶鞘连接处的外侧，呈近似三角形。

注：又叫茭白眼。

3.8

薹管 culm beneath the swollen part

在地上生长且大部分露出土壤表面的茎。

4 产地环境

产地环境应符合NY5331的规定。土壤有机质在2%～3%、pH6～7为宜，栽培地块地势平坦、水源丰富、排灌便利。

5 品种选择

根据当地的气候条件和市场需求，选择优质、抗性强、丰产性好的品种。宜选用的品种参见附录A。

6 育苗

6.1 种墩选择

每年开展种墩选择工作，清除雄茭、灰茭及混杂变异株，重复2个生产季仍表现优良种性的，即可作为种株留用。选择符合品种特性，株型整齐、无灰茭和雄茭、采收期集中、孕茭率高、结茭部位较低的植株做好标记。

6.2 寄秧育苗

采收后1个月，挖取出种墩，保留薹管1个～2个节间。寄秧时行距宜50cm，墩距宜15cm，深度以种墩根系入土为宜。翌年3月中旬至4月上旬，苗高15cm～20cm时，可分墩用于大田定植。

6.3 二段育苗

翌年3月中旬至4月上旬，寄秧后，苗高20cm时进行分墩，将种墩用刀劈成含1个～2个薹管的小墩移植到秧田，株行距50cm×50cm。定植时间参见附录A。

注：二段育苗仅用于双季茭白。

7 大田准备

定植前7d～10d施基肥，每667m²施腐熟农家肥2 000kg～2 500kg和过磷酸钙50kg，或商品有机肥500kg～900kg，商品有机肥应符合NY525的规定。翻耕20cm～30cm土层，耙平，达到田平、泥烂。

8 定植

8.1 单季茭白

3月中旬至4月上旬，苗高15cm～20cm时，进行分墩定植，每墩保留2株～3株，定植深度以老薹管全部入土为宜，每667m²定植1 500墩～2 000墩，宜宽窄行定植，宽行行距90cm～110cm，窄行行距60cm～70cm，株距40cm～50cm。

8.2 双季茭白

经二段育苗后，于7月挖墩分苗进行大田定植。每667m²定植1 000墩～1 500墩，每墩1株～2株，宜宽窄行定植，宽行行距100cm～120cm，窄行行距60cm～80cm，株距40cm～60cm。

9 田间管理

9.1 肥料使用

9.1.1 原则

根据土壤肥力和目标产量，按照NY/ T 496的规定进行合理平衡施肥。生长季节所需纯$N+P_2O_5+K_2O$的比例1+0.4+0.56为宜。

9.1.2 单季茭白

追肥分3次～4次，在缓苗后至分蘖期，每667m²施尿素5kg～10kg；定苗后，每667m²施尿素10kg～20kg、复合肥20kg～25kg，隔10d～15d视苗情再追施一次；孕茭初期，每667m²施复合肥30kg。

9.1.3 双季茭白

秋茭追肥分3次，在缓苗后至分蘖期，每667m^{2}施尿素5kg ~ 8kg；定苗后，每667m^{2}施尿素10kg ~ 15kg、复合肥15kg ~ 20kg；孕茭初期，每667m^{2}施复合肥20kg。

夏茭追肥分3次 ~ 4次，在萌芽后，每667m^{2}施尿素5kg ~ 10kg；定苗后，每667m^{2}施尿素10kg ~ 15kg、复合肥20kg ~ 25kg，隔10d ~ 15d视苗情再追施一次；孕茭初期，每667m^{2}施复合肥30kg。

9.2 水位管理

9.2.1 单季茭白

定植至分蘖前期保持3cm ~ 5cm的水位；分蘖后期控制水位10cm ~ 12cm；定苗后搁田至土壤表层出现细小的龟纹裂，搁田后灌水至5cm水位，孕茭期逐步加深至15cm ~ 20cm。追肥和施药等田间操作时水位应控制在3cm左右，3d后逐渐恢复水位。

9.2.2 双季茭白

秋茭浅水定植后15d ~ 20d内保持8cm ~ 10cm水位；分蘖前中期保持2cm ~ 3cm水位，分蘖后期控制在10cm ~ 12cm水位，分蘖期间宜搁田1次 ~ 2次；孕茭期控制10cm ~ 12cm水位；采收期控制3cm ~ 5cm左右的水位。

翌年夏茭出苗期保持田水湿润，分蘖前中期控制2cm ~ 3cm浅水位；分蘖后期至孕茭期间，控制10cm ~ 15cm水位；采茭期控制15cm ~ 20cm深水位。追肥和施药等田间操作时应控制浅水位，3d后逐渐恢复水位。

9.3 间苗

茭白出苗后应及时间苗，除去游茭苗，并控制每墩苗数，单季茭白每667m^{2}有效分蘖苗15 000株 ~ 18 000株，双季茭白每667m^{2}有效分蘖苗18 000株 ~ 24 000株。

9.4 除草

宜选择人工除草和茭田养鸭除草方式，在定植成活后开始耘田除草并除去老叶。

9.5 清洁田园

茭白植株枯黄后，将茭墩齐泥割除地上部植株，并运出田外集中处理。

10 病虫害防治

10.1 主要病虫害

锈病、胡麻斑病、纹枯病、二化螟、长绿飞虱、福寿螺等。

10.2 防治原则

遵循“预防为主，综合防治”的植保方针，优先采用农业防治、物理防治、生物防治，合理使用高效低毒低残留化学农药。

10.3 农业防治

宜与非禾本科作物进行2年～3年轮作，选用抗病虫品种和无病种苗。加强田间管理，改善株间通透性，合理灌溉，科学施肥。及时中耕除草，清除并集中处理茭白植株残体。

10.4 物理防治

虫害可用频振式杀虫灯诱杀。每2hm^{2}范围内设置1盏功率50W频振式杀虫灯。在二化螟成虫发生期，采用昆虫性信息素诱杀，每667m^{2}放置2个～3个诱芯，每隔15d～20d更换诱芯。福寿螺可采用在田间插50cm左右高的毛竹竿引诱其产卵，插杆密度根据产卵多少增减，结合人工捡螺摘卵进行防治。

10.5 生物防治

在茭白移栽后1个月开始，可在茭白田养鸭（10只～12只/667m^2）或养鱼；或茭白田养中华鳖（30只～40只/667m^2）或施茶籽饼粉（3kg～5kg/667m^2），防治福寿螺。

10.6 化学防治

根据病虫的发生规律，选用对口药剂进行防治，按照GB/T 8321的规定，严格掌握防治适期、安全间隔期和施药次数。提倡不同农药交替轮换使用，在一个生长季节内使用不超过2次，孕茭期慎用杀菌剂。主要病虫害化学防治方法参见附录B。

11 采收

孕茭部位明显膨大，叶鞘一侧被肉质茎挤开，露出0.5cm ~ 1.0cm宽的白色肉质茎时采收。秋茭宜2d ~ 3d采收一次，夏茭宜1d ~ 2d采收一次。

12 分级包装

茭白按NY/ T 1834进行分级包装。

包装容器（框、箱、袋）应清洁、牢固、透气、无毒、无污染、无异味。包装容器上应有明显标识，符合NY/ T 1655的规定。

用于冷藏保鲜的应用塑料薄膜袋包装并装箱，薄膜袋质量应符合GB/ T 9687的规定，纸箱质量符合GB/ T 6543的规定。

13 贮藏

长期保鲜茭白时，先晾干后，再将茭白放置在－1℃ ~ 2℃冷库中预冷6h ~ 8h，分级装箱放入冷库贮藏，温度0℃ ~ 2℃；库内湿度应保持在85% ~ 95%为宜。

14 生产档案

应建立健全农药、肥料等农业投入品使用档案和生产档案，档案保存期为2年以上。

附录A
（资料性附录）
全国茭白种植区分类

全国茭白种植区分类见表A.1。

表A.1　全国茭白种植区分类

分类	省份	主栽品种	定植时间	采收时间
华东双季茭白种植区	浙江、上海、江苏、安徽等平原地区	浙茭2号、浙茭3号、龙茭2号、浙茭6号、余茭4号、崇茭1号、青练茭1号、青练茭2号、小蜡台、广益茭	7月上旬至8月中旬	秋茭10月上旬至12月上旬，夏茭4月下旬至7月上旬
华东单季茭白种植区	浙江、安徽、江西、福建等山区	美人茭、金茭1号、丽茭1号、金茭2号、六安茭、台福1号、桂瑶早茭白	3月上旬至4月中旬	6月上旬至9月中旬
华中茭白种植区	湖北、湖南、河南	鄂茭1号、鄂茭3号（单季茭白）	3月下旬至4月中旬	9月中旬至11月上旬
		小蜡台、鄂茭2号（双季茭白）	4月上中旬	秋茭9月中旬至10月上旬，夏茭5月中旬至7月上旬
西南茭白种植区	云南、四川、重庆、贵州	鄂茭1号、美人茭（单季茭白）	3月下旬至4月上旬	8月下旬至10月下旬
		小蜡台、鄂茭2号、浙茭2号（双季茭白）	10月下旬小拱棚育苗、2月中旬定植	夏茭4月下旬至5月下旬，秋茭8月中旬至9月中旬
华南茭白种植区	广西、广东、海南	大榕茭白、浙茭2号、浙茭3号	10月下旬小拱棚育苗、2月中旬定植	4月上旬至10月下旬

附录B
（资料性附录）
茭白主要病虫害防治方案

茭白主要病虫害防治方案见表B.1。

表B.1 茭白主要病虫害防治方案

防治对象	药剂名称	使用浓度	使用方法	每季最多使用次数
锈病	烯唑醇	12.5% WP 3 000倍液~3 500倍液	发病初期用喷雾，隔7d~10d再喷1次，孕茭期禁用	2
	三唑酮	20% WP 1 000倍液	发病初期用喷雾，隔7d~10d再喷1次，孕茭期禁用	2
	腈菌唑	20% WP 1 500倍液	发病初期喷雾	1
	苯醚甲环唑	10% WG 2 000倍液~2 500倍液	发病初期喷雾	1
胡麻叶斑病	异菌脲	50% WP 1 000倍液	发病初期喷雾	2
	三环唑	20% WP 600倍液	发病初期喷雾	1
纹枯病	井冈霉素	5 % WP 500倍液~800倍液	发病初期喷雾，10d~15d后再喷1次	2
长绿飞虱	噻嗪酮	25% WP 1 500倍液~2 000倍液	低龄若虫孵化高峰期喷雾	1
	吡虫啉	10% WP 2 000倍液~3 000倍液	低龄若虫孵化高峰期喷雾	2
二化螟	氯虫苯甲酰胺	20% SC 3 000倍液~4 000倍液	幼虫孵化高峰时喷雾，叶鞘部位施药	2
福寿螺	四聚乙醛	6% GR 480g/667m²~700g/667m²	为害期撒施	2

注：严禁使用国家明令禁止的农药品种。

附录3　农业部行业标准NY/T 393—2013《绿色食品　农药使用准则》

绿色食品　农药使用准则

1　范围

本标准规定了绿色食品生产和仓储中有害生物防治原则、农药选用、农药使用规范和绿色食品农药残留要求。

本标准适用于绿色食品的生产和仓储。

2　规范性引用文件

下列文件对于本文件的应用是必不可少的。凡是注日期的引用文件，仅注日期的版本适用于本文件。凡是不注日期的引用文件，其最新版本（包括所有的修改单）适用于本文件。

GB 2763　食品安全国家标准　食品中农药最大残留限量

GB/T 8321（所有部分）　农药合理使用准则

GB 12475　农药贮运、销售和使用的防毒规程

NY/T 391　绿色食品　产地环境质量

NY/T 1667（所有部分）　农药登记管理术语

3　术语和定义

NY/T 1667界定的以及下列术语和定义适用于本文件。

3.1

AA级绿色食品　AA grade green food

产地环境质量符合NY/T 391的要求，遵照绿色食品生产标准

生产，生产过程中遵循自然规律和生态学原理，协调种植业和养殖业的平衡，不使用化学合成的肥料、农药、兽药、渔药、添加剂等物质，产品质量符合绿色食品产品标准，经专门机构许可使用绿色食品标志的产品。

3.2 A级绿色食品 A grade green food

产地环境质量符合NY/T 391的要求，遵照绿色食品生产标准生产，生产过程中遵循自然规律和生态学原理，协调种植业和养殖业的平衡，限量使用限定的化学合成生产资料，产品质量符合绿色食品产品标准，经专门机构许可使用绿色食品标志的产品。

4 有害生物防治原则

4.1 以保持和优化农业生态系统为基础，建立有利于各类天敌繁衍和不利于病虫草害孳生的环境条件，提高生物多样性，维持农业生态系统的平衡。

4.2 优先采用农业措施，如抗病虫品种、种子种苗检疫、培育壮苗、加强栽培管理、中耕除草、耕翻晒垡、清洁田园、轮作倒茬、间作套种等。

4.3 尽量利用物理和生物措施，如用灯光、色彩诱杀害虫，机械捕捉害虫，释放害虫天敌，机械或人工除草等。

4.4 必要时，合理使用低风险农药。如没有足够有效的农业、物理和生物措施，在确保人员、产品和环境安全的前提下按照第5、6章的规定，配合使用低风险的农药。

5 农药选用

5.1 所选用的农药应符合相关的法律法规，并获得国家农药登记许可。

5.2 应选择对主要防治对象有效的低风险农药品种，提倡兼治和不同作用机理农药交替使用。

5.3 农药剂型宜选用悬浮剂、微囊悬浮剂、水剂、水乳剂、微乳剂、颗粒剂、水分散粒剂和可溶性粒剂等环境友好型剂型。

5.4 AA级绿色食品生产应按照A.1的规定选用农药及其他植物保护产品。

5.5 A级绿色食品生产应按照附录A的规定，优先从表A.1中选用农药。在表A.1所列农药不能满足有害生物防治需要时，还可适量使用A.2所列的农药。

6 农药使用规范

6.1 应在主要防治对象的防治适期，根据有害生物的发生特点和农药特性，选择适当的施药方式，但不宜采用喷粉等风险较大的施药方式。

6.2 应按照农药产品标签或GB/T 8321和GB 12475的规定使用农药，控制施药剂量（或浓度）、施药次数和安全间隔期。

7 绿色食品农药残留要求

7.1 绿色食品生产中允许使用的农药，其残留量应不低于GB 2763的要求。

7.2 在环境中长期残留的国家明令禁用农药，其再残留量应符合GB 2763的要求。

7.3 其他农药的残留量不应超过0.01mg/kg，并应符合GB 2763的要求。

附录A
（规范性附录）
绿色食品生产允许使用的农药和其他植保产品清单

A.1　AA级和A级绿色食品生产均允许使用的农药和其他植保产品清单

见表A.1。

表A.1　AA级和A级绿色食品生产均允许使用的农药和其他植保产品清单

类　　别	组分名称	备　　注
1.植物和动物来源	楝素（苦楝、印楝等提取物，如印楝素等）	杀虫
	天然除虫菊素（除虫菊科植物提取液）	杀虫
	苦参碱及氧化苦参碱（苦参等提取物）	杀虫
	蛇床子素（蛇床子提取物）	杀虫、杀菌
	小檗碱（黄连、黄柏等提取物）	杀菌
	大黄素甲醚（大黄、虎杖等提取物）	杀菌
	乙蒜素（大蒜提取物）	杀菌
	苦皮藤素（苦皮藤提取物）	杀虫
	藜芦碱（百合科藜芦属和喷嚏草属植物提取物）	杀虫
	桉油精（桉树叶提取物）	杀虫
	植物油（如薄荷油、松树油、香菜油、八角茴香油）	杀虫、杀螨、杀真菌、抑制发芽
	寡聚糖（甲壳素）	杀菌、植物生长调节
	天然诱集和杀线虫剂（如万寿菊、孔雀草、芥子油）	杀线虫
	天然酸（如食醋、木醋和竹醋等）	杀菌
	菇类蛋白多糖（菇类提取物）	杀菌
	水解蛋白质	引诱
	蜂蜡	保护嫁接和修剪伤口
	明胶	杀虫
	具有驱避作用的植物提取物（大蒜、薄荷、辣椒、花椒、薰衣草、柴胡、艾草的提取物）	驱避
	害虫天敌（如寄生蜂、瓢虫、草蛉等）	控制虫害

表A.1（续）

类　　别	组分名称	备　　注
2.微生物来源	真菌及真菌提取物（白僵菌、轮枝菌、木霉菌、耳霉菌、淡紫拟青霉、金龟子绿僵菌、寡雄腐霉菌等）	杀虫、杀菌、杀线虫
	细菌及细菌提取物（苏云金芽孢杆菌、枯草芽孢杆菌、蜡质芽孢杆菌、地衣芽孢杆菌、多黏类芽孢杆菌、荧光假单胞杆菌、短稳杆菌等）	杀虫、杀菌
	病毒及病毒提取物（核型多角体病毒、质型多角体病毒、颗粒体病毒等）	杀虫
	多杀霉素、乙基多杀菌素	杀虫
	春雷霉素、多抗霉素、井冈霉素、(硫酸）链霉素、嘧啶核苷类抗菌素、宁南霉素、申嗪霉素和中生菌素	杀菌
	S-诱抗素	植物生长调节
3.生物化学产物	氨基寡糖素、低聚糖素、香菇多糖	防病
	几丁聚糖	防病、植物生长调节
	苄氨基嘌呤、超敏蛋白、赤霉酸、羟烯腺嘌呤、三十烷醇、乙烯利、吲哚丁酸、吲哚乙酸、芸薹素内酯	植物生长调节
4.矿物来源	石硫合剂	杀菌、杀虫、杀螨
	铜盐（如波尔多液、氢氧化铜等）	杀菌，每年铜使用量不能超过6kg/hm^2
	氢氧化钙（石灰水）	杀菌、杀虫
	硫黄	杀菌、杀螨、驱避
	高锰酸钾	杀菌，仅用于果树
	碳酸氢钾	杀菌

表A.1（续）

类　　别	组分名称	备　　注
4.矿物来源	矿物油	杀虫、杀螨、杀菌
	氯化钙	仅用于治疗缺钙症
	硅藻土	杀虫
	黏土（如斑脱土、珍珠岩、蛭石、沸石等）	杀虫
	硅酸盐（硅酸钠、石英）	驱避
	硫酸铁（3价铁离子）	杀软体动物
5.其他	氢氧化钙	杀菌
	二氧化碳	杀虫，用于贮存设施
	过氧化物类和含氯类消毒剂（如过氧乙酸、二氧化氯、二氯异氰尿酸钠、三氯异氰尿酸等）	杀菌，用于土壤和培养基质消毒
	乙醇	杀菌
	海盐和盐水	杀菌，仅用于种子（如稻谷等）处理
	软皂（钾肥皂）	杀虫
	乙烯	催熟等
	石英砂	杀菌、杀螨、驱避
	昆虫性外激素	引诱，仅用于诱捕器和散发皿内
	磷酸氢二铵	引诱，只限用于诱捕器中使用
注1：该清单每年都可能根据新的评估结果发布修改单。 注2：国家新禁用的农药自动从该清单中删除。		

A.2 A级绿色食品生产允许使用的其他农药清单

当表A.1所列农药和其他植保产品不能满足有害生物防治需要时，A级绿色食品生产还可按照农药产品标签或GB/T 8321的规定使用下列农药：

a）杀虫剂

1）S-氰戊菊酯esfenvalerate
2）吡丙醚pyriproxifen
3）吡虫啉imidacloprid
4）吡蚜酮pymetrozine
5）丙溴磷profenofos
6）除虫脲diflubenzuron
7）啶虫脒acetamiprid
8）毒死蜱chlorpyrifos
9）氟虫脲flufenoxuron
10）氟啶虫酰胺flonicamid
11）氟铃脲hexaflumuron
12）高效氯氰菊酯beta-cypermethrin
13）甲氨基阿维菌素苯甲酸盐emamectin benzoate
14）甲氰菊酯fenpropathrin
15）抗蚜威pirimicarb
16）联苯菊酯bifenthrin
17）螺虫乙酯spirotetramat
18）氯虫苯甲酰胺chlorantraniliprole
19）氯氟氰菊酯cyhalothrin
20）氯菊酯permethrin
21）氯氰菊酯cypermethrin
22）灭蝇胺cyromazine
23）灭幼脲chlorbenzuron
24）噻虫啉thiacloprid
25）噻虫嗪thiamethoxam
26）噻嗪酮buprofezin
27）辛硫磷phoxim
28）茚虫威indoxacard

b）杀螨剂

1）苯丁锡fenbutatin oxide
2）喹螨醚fenazaquin

3）联苯肼酯bifenazate
4）螺螨酯spirodiclofen
5）噻螨酮hexythiazox
6）四螨嗪clofentezine
7）乙螨唑etoxazole
8）唑螨酯fenpyroximate

c）杀软体动物剂

四聚乙醛metaldehyde

d）杀菌剂

1）吡唑醚菌酯pyraclostrobin
2）丙环唑propiconazol
3）代森联metriam
4）代森锰锌mancozeb
5）代森锌zineb
6）啶酰菌胺boscalid
7）啶氧菌酯picoxystrobin
8）多菌灵carbendazim
9）噁霉灵hymexazol
10）噁霜灵oxadixyl
11）粉唑醇flutriafol
12）氟吡菌胺fluopicolide
13）氟啶胺fluazinam
14）氟环唑epoxiconazole
15）氟菌唑triflumizole
16）腐霉利procymidone
17）咯菌腈fludioxonil
18）甲基立枯磷tolclofos-methyl
19）甲基硫菌灵thiophanate-methyl
20）甲霜灵metalaxyl
21）腈苯唑fenbuconazole
22）腈菌唑myclobutanil
23）精甲霜灵metalaxyl-M
24）克菌丹captan
25）醚菌酯kresoxim-methyl
26）嘧菌酯azoxystrobin
27）嘧霉胺pyrimethanil
28）氰霜唑cyazofamid
29）噻菌灵thiabendazole
30）三乙膦酸铝fosetyl-aluminium
31）三唑醇triadimenol
32）三唑酮triadimefon
33）双炔酰菌胺mandipropamid
34）霜霉威propamocarb
35）霜脲氰cymoxanil
36）萎锈灵carboxin
37）戊唑醇tebuconazole

38）烯酰吗啉dimethomorph

39）异菌脲iprodione

40）抑霉唑imazalil

e）熏蒸剂

1）棉隆dazomet

2）威百亩metam-sodium

f）除草剂

1）2甲4氯MCPA

2）氨氯吡啶酸picloram

3）丙炔氟草胺flumioxazin

4）草铵膦glufosinate-ammonium

5）草甘膦glyphosate

6）敌草隆diuron

7）噁草酮oxadiazon

8）二甲戊灵pendimethalin

9）二氯吡啶酸clopyralid

10）二氯喹啉酸quinclorac

11）氟唑磺隆flucarbazone-sodium

12）禾草丹thiobencarb

13）禾草敌molinate

14）禾草灵diclofop-methyl

15）环嗪酮hexazinone

16）磺草酮sulcotrione

17）甲草胺alachlor

18）精吡氟禾草灵fluazifop-P

19）精喹禾灵quizalofop-P

20）绿麦隆chlortoluron

21）氯氟吡氧乙酸（异辛酸）fluroxypyr

22）氯氟吡氧乙酸异辛酯fluroxypyr-mepthyl

23）麦草畏dicamba

24）咪唑喹啉酸imazaquin

25）灭草松bentazone

26）氰氟草酯cyhalofop butyl

27）炔草酯clodinafop-propargyl

28）乳氟禾草灵lactofen

29）噻吩磺隆thifensulfuron-methyl

30）双氟磺草胺florasulam

31）甜菜安desmedipham

32）甜菜宁phenmedipham

33）西玛津 simazine
34）烯草酮 clethodim
35）烯禾啶 sethoxydim
36）硝磺草酮 mesotrione
37）野麦畏 tri-allate
38）乙草胺 acetochlor
39）乙氧氟草醚 oxyfluorfen
40）异丙甲草胺 metolachlor
41）异丙隆 isoproturon
42）莠灭净 ametryn
43）唑草酮 carfentrazone-ethyl
44）仲丁灵 butralin

g）植物生长调节剂

1）2,4-滴 2,4-D（只允许作为植物生长调节剂使用）
2）矮壮素 chlormequat
3）多效唑 paclobutrazol
4）氯吡脲 forchlorfenuron
5）萘乙酸 1-naphthal acetic acid
6）噻苯隆 thidiazuron
7）烯效唑 uniconazole

注1：该清单每年都可能根据新的评估结果发布修改单。
注2：国家新禁用的农药自动从该清单中删除。

附录4　农业部行业标准NY/T 1405—2015《绿色食品　水生蔬菜》

绿色食品　水生蔬菜

1　范围

本标准规定了绿色食品水生蔬菜的要求、检验规则、标签、包装、运输和贮存。

本标准适用于绿色食品茭白、水芋、慈姑、菱、荸荠、芡实、水蕹菜、豆瓣菜、水芹、莼菜、蒲菜、莲子米等水生蔬菜（拉丁学名及俗名参见附录A）。不包括藕及其制品。

2　规范性引用文件

下列文件对于本文件的应用是必不可少的。凡是注日期的引用文件，仅注日期的版本适用于本文件。凡是不注日期的引用文件，其最新版本（包括所有的修改单）适用于本文件。

GB 2762　食品安全国家标准　食品中污染物限量

GB 2763　食品安全国家标准　食品中农药最大残留限量

GB/T 5009.11　食品中总砷及无机砷的测定

GB 5009.12　食品安全国家标准　食品中铅的测定

GB/T 5009.15　食品中镉的测定

GB/T 5009.17　食品中总汞及有机汞的测定

GB/T 5009.18　食品中氟的测定

GB/T 5009.102　植物性食品中辛硫磷农药残留量的测定

GB/T 5009.123　食品中铬的测定

GB 7718　食品安全国家标准　预包装食品标签通则

GB/T 19648　水果和蔬菜中500种农药及相关化学品残留的测定　气相色谱—质谱法

GB/T 20769　水果和蔬菜中450种农药及相关化学品残留量的测定

NY/T 391　绿色食品　产地环境质量

NY/T 393　绿色食品　农药使用准则

NY/T 394　绿色食品　肥料使用准则

NY/T 658　绿色食品　包装通用准则

NY/T 761　蔬菜和水果中有机磷、有机氯、拟除虫菊酯和氨基甲酸酯类农药多残留的测定

NY/T 1055　绿色食品　产品检验规则

NY/T 1056　绿色食品　贮藏运输准则

NY/T 1453　蔬菜及水果中多菌灵等16种农药残留测定　液相色谱—质谱—质谱联用法

SN/T 2114　进出口水果和蔬菜中阿维菌素残留量检测方法　液相色谱法

3　要求

3.1　产地环境

应符合NY/T 391的规定。

3.2　生产过程

生产过程中农药和肥料使用应分别符合NY/T 393和NY/T 394的规定。

3.3　感官要求

应符合表1的规定。

表1　感官要求

<table>
<tr><th>项　目</th><th>要　求</th><th>检验方法</th></tr>
<tr><td>茭白</td><td>同一品种或相似品种；外观新鲜，壳茭表皮鲜嫩洁白，不变绿、变黄；茭形丰满，中间膨大部分均匀；茭肉横切面洁白，无脱水，有光泽，无色差；茭壳包紧，无损伤</td><td rowspan="3">品种特性、成熟度、色泽、新鲜度、清洁度、腐烂、畸形、开裂、冻害、病虫害及机械伤害等外观特征，用目测法鉴定
异味用嗅的方法鉴定
黑心、黑斑、坏死以及病虫害症状不明显而有怀疑者，应用刀剖开目测</td></tr>
<tr><td>荸荠</td><td>同一品种或相似品种；形状为圆形或近圆形，饱满圆整；芽群紧凑，无侧芽膨大；表皮为红褐色或深褐色，色泽一致，新鲜，有光泽；无腐烂，无霉变；无病虫害，无异味</td></tr>
<tr><td>其他水生蔬菜</td><td>同一品种或相似品种；成熟适度；具有产品正常色泽；大小（长短、粗细）基本一致，形态均匀完整；无病虫害造成的损伤及机械伤；无黑心、黑斑、腐烂、杂质、霉变</td></tr>
</table>

3.4　污染物、农药残留限量

污染物、农药残留限量应符合GB 2762、GB 2763等相关食品安全国家标准及相关规定，同时符合表2的规定。

表2　污染物和农药残留限量

单位为毫克每千克

项　目	指标	检验方法
乐果（dimethoate）	≤0.01	GB/T 20769
敌敌畏（dichlorvos）	≤0.01	NY/T 761
溴氰菊酯（deltamethrin）	≤0.01	NY/T 761
氰戊菊酯（fenvalerate）	≤0.01	NY/T 761
百菌清（chlorothalonil）	≤0.01	NY/T 761
氯氰菊酯（cypermethrin）	≤0.01	NY/T 761

表2（续）

项　目	指标	检验方法
阿维菌素（abamectin）	≤0.01	SN/T 2114
毒死蜱（chlorpyrifos）	≤0.01	GB/T 19648
三唑酮（triadimefon）	≤0.01	NY/T 761
多菌灵（carbendazim）	≤0.01	NY/T 1453
辛硫磷（phoxim）	≤0.01	GB/T 5009.102
氟（以F计）	≤1	GB/T 5009.18
各农药项目除采用表中所列检测方法外，如有其他国家标准、行业标准以及部文公告的检测方法，且其检出限或定量限能满足限量值要求时，在检测时可采用。		

4　检验规则

申报绿色食品应按照本标准3.3、3.4以及附录B所确定的项目进行检验。其他要求应符合NY/T 1055的规定。

5　标签

标签应符合GB 7718的规定。

6　包装、运输和贮存

6.1　包装

6.1.1　包装应符合NY/T 658的规定。

6.1.2　按产品的品种、规格分别包装，同一件包装内的产品应摆放整齐、紧密。

6.1.3　每批产品所用的包装、单位质量应一致。

6.2　运输和贮存

6.2.1　运输和贮存应符合NY/T 1056的规定。

6.2.2　运输前应根据品种、运输方式、路程等确定是否预冷。运输过程中注意防冻、防雨淋、防晒，通风散热。

6.2.3 贮存时应按品种、规格分别贮存，库内堆码应保证气流均匀流通。

附录A
（资料性附录）
水生蔬菜学名、俗名对照表

水生蔬菜学名、俗名对照见表A.1。

表A.1 水生蔬菜学名、俗名对照表

序号	蔬菜名称	拉丁学名	俗名、别名
1	茭白	*Zizania caduciflora* (Turcz. Ex Trin.) Hand.-Mazz.	茭瓜、茭笋、菰笋、菰
2	水芋	*Calla palustris* L.	—
3	慈姑	*Sagittaria sagitti folia* L.	茨菰、慈菰、剪刀草、燕尾草、白地栗
4	菱	*Trapa bispinosa* Roxb.	菱角、风菱、乌菱、菱实
5	荸荠	*Eleocharis tuberose*(Roxb.) Roem. et Schult	地栗、马蹄、乌芋、凫茈
6	芡实	*Euryale ferox* Salisb.	鸡头、鸡头米、水底黄蜂、芡
7	豆瓣菜	*Nasturtium of ficinale* R. Br.	西洋菜、水蔊菜、水田芥、荷兰芥
8	水芹	*Oenanthe stoloni fera* DC.	刀芹、蕲、楚葵、蜀芹、紫堇
9	莼菜	*Brasenia schreberi* Gmel.	蓴菜、马蹄菜、水荷叶、水葵、露葵、湖菜、凫葵
10	蒲菜	*Typha lati folia* L.	香蒲、甘蒲、蒲草、蒲儿菜、草芽

附录B

（规范性附录）

绿色食品水生蔬菜产品申报检验项目

表B.1规定了除本标准3.3、3.4所列项目外，依据食品安全国家标准和绿色食品生产实际情况，绿色食品水生蔬菜产品申报检验还应检验的项目。

表B.1　依据食品安全国家标准绿色食品水生蔬菜产品申报检验必检项目

单位为毫克每千克

项　　目	指标	检验方法
铅（以Pb计）	≤0.1	GB 5009.12
汞（以Hg计）	≤0.01	GB/T 5009.17
镉（以Cd计）	≤0.05	GB/T 5009.15
总砷（以As计）	≤0.5	GB/T 5009.11
铬（以Cr计）	≤0.5	GB/T 5009.123

主要参考文献

Shepard B M, Barrion A T, Litsinger J A. 1995. Rice-feeding insects of tropical Asia. Manila：International Rice Research Institute.

陈加多，张德明，王福兴，吴金金，王凌云，张雷. 2009.性诱剂诱捕器不同放置密度和高度对诱杀茭田二化螟成虫的效果.长江蔬菜（16）：60-61.

陈建明，丁新天，潘远勇，张珏锋，周杨，王来亮，何月平. 2013. 4种杀菌剂对茭白锈病的防效.浙江农业科学（11）：1463-1465.

陈建明，俞晓平，陈列忠，何月平，张珏锋，沈学根，符长焕. 2010.浙江省茭白高效安全生产技术研究与应用现状.长江蔬菜（14）：123-125.

陈建明，张珏锋，周杨，王来亮. 2013. 我国茭白高效种养和轮作套种模式的研究与实践.长江蔬菜（18）：127-130.

韩敏慧，王国迪，姚士桐. 2005.水生与多年生蔬菜病虫原色图谱.杭州：浙江科学技术出版社.

胡美华，陈能埠. 2014.茭白全程标准化生产操作手册.杭州：浙江科技出版社.

贾友江. 2011-07-08.农作物药害补救有妙招.中国网络电视台，《科技致富》栏目.

蒋耀培，施秀燕，易建平，武向文，成玮. 2011. 2010年上海地区椎实螺重发原因与防治技术探讨.中国植保导刊，31（5）：24-25.

匡晶，张建华，李建洪. 2011.长绿飞虱对几种常用杀虫剂的敏感性测定.长江蔬菜（16）：85-86.

李惠明. 2012.蔬菜病虫害诊断与防治实用手册.上海：上海科技技术出版社.

刘义满，柯卫东. 2011.茭白安全生产技术问答.北京：中国农业出版社.

马奇祥，赵永谦．2005.农田杂草识别与防除原色图谱．北京：金盾出版社．

王华弟，俞晓平．2010.外来入侵生物福寿螺及其持续治理．北京：中国科学技术出版社．

王泉章，郜德良，荀贤玉，梅爱忠．2004.稻田椎实螺的发生与防治．植物保护，30（5）：89-90.

王运兵，崔朴周．2010.生物农药及其使用技术．北京：化学工业出版社．

吴竞仑，周恒昌．2003.稻田杂草化学防除．北京：化学工业出版社．

夏声广．2012.图说水生蔬菜病虫害防治关键技术．北京：中国农业出版社．

许志讯，盛信龙，范玉燕，周善阳．2000.茭白新害虫——茭白锹额夜蛾．昆虫知识，37（4）：226-228.

杨贺军，俞朝，徐钦辉．2009.性诱剂防治茭白二化螟试验．浙江农业科学（1）：164-165.

姚晗珺，李宁，董国堃，章强华．2010.出口茭白安全生产合理用药的探讨．中国蔬菜（15）：29-31.

俞晓平，陈建明．2007.茭白高效安全生产大全．北京：中国农业出版社．

虞轶俊，施德．2008.农药应用大全．北京：中国农业出版社．

郑建秋．2004.现代蔬菜病虫鉴别与防治手册（全彩版）．北京：中国农业出版社．

郑许松，徐红星，陈桂华，吴降星，吕仲贤．2009.苏丹草和香根草作为诱虫植物对稻田二化螟种群的抑制作用评估．中国生物防治，25（4）：299-303.

图书在版编目（CIP）数据

茭白病虫草害识别与生态控制 / 陈建明，周锦连，王来亮编著. —北京：中国农业出版社，2016.3（2021.11重印）

ISBN 978-7-109-21314-2

Ⅰ.①茭… Ⅱ.①陈… ②周… ③王… Ⅲ.①茭白－病虫害防治②茭白－除草 Ⅳ.①S435.6②S451.22

中国版本图书馆CIP数据核字（2015）第317710号

中国农业出版社出版

（北京市朝阳区麦子店街18号楼）

（邮政编码 100125）

责任编辑 郭银巧 杨天桥

中农印务有限公司印刷 新华书店北京发行所发行

2016年1月第1版 2021年11月北京第2次印刷

开本：880mm×1230mm 1/32 印张：5.25

字数：125千字

定价：30.00元

（凡本版图书出现印刷、装订错误，请向出版社发行部调换）